2013
中国环境
设计年鉴

CHINA ENVIRONMENT
DESIGN YEARBOOK
LANDSCAPE DESIGN 为中国而设计

U0254111

主编单位：中国美术家协会环境设计艺术委员会
　　　　　中央美术学院城市设计学院
协办单位：上海华凯展览展示
主　　编：张绮曼　黄建成

中国建筑工业出版社

图书在版编目（CIP）数据

中国环境设计年鉴 / 张绮曼，黄建成主编 .
北京 ：中国建筑工业出版社，2014.6
　 ISBN 978-7-112-16880-4

　 I. ①中… II. ①张… ②黄… III. ①环境设计—中
国—2012～2013—年鉴　 IV. ① TU-856

　 中国版本图书馆 CIP 数据核字（2014）第 102540 号

责任编辑：李东禧　 唐　旭　吴　绫
责任校对：姜小莲　 刘梦然

中国环境设计年鉴
主编：张绮曼　黄建成
中国建筑工业出版社出版、发行（北京西郊百万庄）
各地新华书店、建筑书店经销
北京顺诚彩色印刷有限公司印刷
＊
开本：880×1230 毫米　 1/16 印张：17 3/4　 字数：830 千字
2014 年 6 月第一版　 2014 年 6 月第一次印刷
定价：198.00 元
ISBN 978-7-112-16880-4
（25685）
版权所有　翻印必究
如有印装质量问题，可寄本社退换
（邮政编码　 100037）

《中国环境设计年鉴》编委会

主编单位：中国美术家协会环境设计艺术委员会
　　　　　中央美术学院城市设计学院
协办单位：上海华凯展览展示
主　　编：张绮曼　黄建成
编　　辑：吕　康　林文文　沈媛媛
整体设计：王　猛
设　　计：张而旻　李安妮　王子豹

中国美术家协会环境设计艺术委员会自2003年成立之初就提出了"为中国而设计"的学术主张，号召中国设计师立足中国本土、面向未来、创新设计，走低碳减排的绿色设计之路，关注民生、关注环境，为中国国家发展贡献力量。并以此为主旨开始举办全国范围的环境设计大展及论坛活动，之后以双年展同时举办论坛的形式延续至今。2007年中国美术家协会环境设计艺术委员会开始编辑出版《中国环境设计年鉴》，编委会以及时、客观反映中国环境设计现状、促进学术交流为己任，每年及时征集作品编辑成册予以出版。本次年鉴是将2012年、2013年合并出版，已是第六辑了。

中国美术家协会环境设计艺术委员会所组织的全国环境设计大展暨论坛、座谈等活动，以及年鉴、会刊等出版物是在全国34名委员的积极支持下倾力于打造中国环境设计专业的第一学术平台，为促进学术交流、提升专业设计水平发挥积极作用。中国美术家协会环境设计艺术委员会区别于国内其他行业协会的商业运作，委员们均为各地环境设计专业学术带头人和专家学者，他们身体力行，以高度的责任心无偿积极地参与艺委会的各项工作和策划组织了多次学术交流活动，在中国国家建设和快速城市化的历史进程中发挥应有的作用。

在2014年9月中国美术家协会第十二届全国

美术作品展览开幕之前，环境设计艺委会"为中国而设计"第六届全国环境设计大展暨论坛活动即将于 2014 年 6 月 28 日在上海大学美术学院开幕，届时《中国环境设计年鉴》也将在这次大会上予以首发，由衷地感谢设计界同仁们一如既往的支持和帮助，感谢《中国环境设计年鉴》编委会长期的耕耘和付出。

张绮曼

2014 年 5 月

目录
Contents

167 景观部分 / 概念
LANDSCAPE SECTION/CONCEPT

213 家具部分
FURNITURE SECTION

232 2012-2013 重要学术文章
IMPORTANT ACADEMIC PAPERS 2012-2013

275 大事记
CHRONICLE OF EVENTS

室内部分 / 竣工
INDOOR SECTION/AS-CONSTRUCTED

为西部农民生土窑洞改造设计

项目策划人、总设计师：张绮曼教授
主要设计师：吴昊教授、邱晓葵教授、陈六汀教授、赵慧教授
外部环境及会场设计：丁圆教授
设计人员：四校环艺专业部分师生（中央美术学院建筑学院、西安美术学院建筑环境艺术系、北京服装学院环境设计专业、太原理工大学艺术学院）

　　中国美术家协会环境设计艺委会 2004 年筹备研究第一届全国环境艺术设计大展暨论坛活动时提出了"为中国而设计"的学术主张，号召中国设计师立足中国本土、面向未来、创新设计，走低碳减排的绿色设计之路，关注民生、关注环境、为中国国家发展贡献力量。

　　2009 年在筹备第四届大展活动时结合国家开发西部的政策指向，我们决定在西安召开大展暨论坛活动，并将中央美院、西安美院、北京服装学院环艺专业、太原理工大艺术学院师生组成四校联合设计组，对陕西省、山西省等地进行农村生土住宅调研，开展为农民生土窑洞改造的无偿设计活动。经由西安美院选点牵线联系，落实

在靠近西安的三原县柏社村完成了十组地坑窑院的设计和七组窑院的改造施工。

　　四校联合公益设计活动——"为西部农民生土窑洞改造设计"项目已先后获得国际、国内四项大奖：

　　① 2012 亚洲最具影响力可持续发展特别奖（香港设计中心）
　　② 2012 亚洲最具影响力环境设计银奖（香港设计中心）
　　③ 2013 北京国际设计周设计大奖
　　④ 2013 广州国际设计周金堂奖——中国室内设计"年度设计行业推动奖"

图1

图2

图3

图 1：三号窑洞室内改造设计
图 2：四号窑洞室内改造设计
图 3：一号窑洞室内改造设计
图 4、5：回迁的窑洞农民生活实景照片
图 6：改建完成后的地坑窑院和参观者

图 4

图 5

图 6

隋唐洛阳城国家遗址公园武则天·天之圣堂室内设计

总设计师：张绮曼 教授
参加设计人员：崔笑声、葛非、黄兆成 等
建成地点：河南省洛阳市
竣工时间：2013 年 12 月

　　唐代"天之圣堂"（简称"天堂"）是洛阳城宫城内的一座重要宫殿，是武则天的礼佛建筑。

　　新天堂位于洛阳市中州路与定鼎路交叉口，隋唐洛阳城遗址公园内，是洛阳市政府作为永久保留的重点建设项目。新天堂于 2012 年建成，塔高 88.88m，建筑面积 13260m²，外部 5 层、内分 9 层，由清华大学建筑设计研究院郭黛姮教授主持建筑设计，室内壁画由中央美术学院壁画系绘制。这是一座仿唐代建筑风格的塔形建筑，采用对原地基础进行原样展示的方式，对遗址进行"还原"保护。在功能上与历史上的天堂已然不同，新天堂具有唐代风俗及遗迹展示、宗教活动、会议接待、旅游参观等满足当今需求的功能。它是隋唐洛阳城遗址公园的标志性建筑，是洛阳大遗址保护的

点睛之笔、洛阳文物保护的示范性工程。

　　天堂的室内设计基于尊重唐朝历史，传承宗教信仰，弘扬古都文化的思想内涵；运用中国传统的设计装饰手法，结合考古研究，再现盛唐壮美风范、生活习俗以及空间造型艺术特色，使之成为洛阳文化的典范，为洛阳旅游走向国际化做出榜样。

图 1：二层多功能大厅实景
图 2：一层唐武则天通天塔基础坑遗址展示大厅
图 3：二层多功能大厅仰视天穹实景
图 4：二层多功能大厅室内实景

图 1

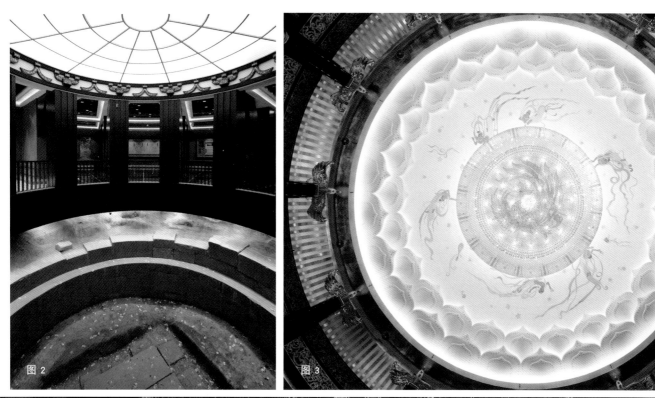

图 2

图 3

图 4

大连国际会议中心

设计师：姜峰、陈文韬、覃钢
设计单位：J&A 姜峰设计公司
建成地点：大连

大连新地标——大连国际会议中心正是对解构主义的最新充分诠释，其恢宏的室内空间、多元化的功能组合，塑造了建筑领域新的标志。它汇聚了当今建筑界最好的构思，是目前国内外建筑设计领域的新风向标，几乎所有世界上最环保的技术，都能在这里体现。整个建筑由"解构主义"的代表蓝天组（CoopHimmelblau）完成。 J&A 姜峰室内设计公司有幸参与其中的室内设计部分，从思考满足室内与建筑、室内与周边达到高度协调的平衡状态出发，整体协作，把握全局，呼应建筑主体的"解构主义"风格特征进行设计。

大连国际会议中心项目坐落在大连市最繁华的金融商务区人民路东端，面向广阔大海，背依城市中心，是城市与海、自然与人文的交汇，是东部新区发展的起始点。

大连国际会议中心建筑高度为 58m，东西方向长 215m，南北方向长 225m，项目总建筑面积 146819m²，占地面积约 4.35hm²，是大连市第一个具有国际标准的大型综合会议中心及演出中心。

设计构思是由大连的海引发灵感，通过模拟分析海水的形状、波浪的动感，最终将其幻化成大连国际会议中心的外形。我们进

行室内设计的时候也将这种流线扭曲
的造型引入室内，通过流畅的曲线
造型来呼应和延续整个建筑的外形设
计，从而由内而外地散发出一种设计
的张力和美感。

轨 迹

设计师：唐忠汉
设计单位：近境制作设计有限公司
建成地点：上海

在老建筑中找到新的设计灵魂
让原本是棉织厂的老旧厂房
在历史的变化下
找到了重生的机会
有了新的面貌
成为一个家具品牌的展演空间
希望能在过去的建筑中
找到前进的设计力量
所以开始了这样的想法

决定利用格栅交错纵横的立面变化
抽象了纺织的经纬
透过这样的表现
形成了一道皮层
强化了建筑的入口处理
从格栅与原有建筑的结合
加上光线的变化
测量出一个空间的能量

在主展厅的概念中
连续错置的墙面与顶棚量体的表现
高挂于展厅的空中
试图解决高度所造成的光源问题
除了形成灯光的载体之外
更重要的是
解构家的形态
使其与品牌的精神结合
完成展厅的设计概念

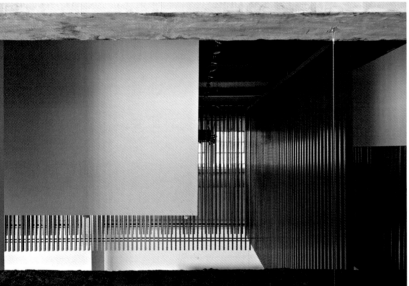

承载 延续 变化 重生
面对一个老建筑的态度
我们学习到了一种面对生命的方式
这是一个难得的机会
看待时间留下的遗痕
寻找与自然平行的秩序
历史建筑所留下的空
本身就是最好的展示

广州纺织博览中心商铺

设计师：柏舍励创·5+2 设计
设计单位：柏舍励创·5+2 设计
建成地点：广州

本案为纺织博览中心的商铺设计。在如今竞争激烈的世界里，清晰、明确和独特的空间特征将成为提高品牌竞争力的重要工具。

大厅中央为布艺的展示台，顶棚一直延续到立面，用布匹与玻璃划割出空间。顶棚的变化突出了不同质感的材料之间进行的有序组合，给人带来完全不同的视觉感受，整个空间约有 6m 高，针对不同的布料、款式，使用较高功率的 LED 灯，从而产生清晰的色彩，很好地强调了展示物品的立体质量，创造引人注目的商店场景。一个个装置感很强的展架，令产品可以随意组合。布匹展示板的设计令布匹悬挂其中，又为空间增添了些许跳跃的气氛。

设计师还进行了商铺的外观设计：为了将原有建筑中各种不同的外观元素组合起来，并创造出一个全新的店面形象，在外立面上选用了玻璃钢材质的造型，疏密有序的弧形线条排列，巧妙地将原建的雨棚融入整体设计，现代感十足。

café deflore 咖啡馆

设计师：杨焕生、郭士豪
设计伙伴：王慧静、陈品臻、陈冯霈、陈淑怡
设计单位：杨焕生设计事业有限公司

半世纪的旧建筑咖啡馆，拆除原有隔间及动线也拆除了历史轨迹慢慢附加而上的违章立面，沉重且累赘，破坏是为了重生，拆除局部是必要的方式，解开之后的咖啡馆顿时轻松也还原了建筑本身的定位。建筑在半世纪后有再一次重生的机会。

拆除原有的墙面，更改既有的动线，利用屏风重新界定空间的尺度，植入新的空间元素重新赋予半世纪建筑新的生命力。

选择上参考周边旧有建筑纹理，企图结合了当地的元素重新定义这咖啡馆，用石子、空心砖、和平白大理石、实木条、铁件烤漆等通俗易见的材料，期望借由咖啡馆，重新创造出闹市区中的愉悦用餐空间。

建筑外观上运用自然纹理的木格栅，运用不规则拼接与黑色落地窗产生虚与实的冲突感及穿透性，巧妙地融入装饰、结构、机能的不同的功能，让建筑多了一层神秘却又温润的色彩。主墙以木纹搭配线板线条加上相框，用古典的语汇呈现现代的风格，与窗外的城市灯光相互辉映。

整体感的设计手法在室内每一细节都力求发挥，异尺寸铁件搭配玻璃的屏风、天然木皮搭配传统和平白大理石饰墙，软硬材质的交叉搭配都准确的对应空间的格调。

天津银兴乐天影城

设计师：罗灵杰、龙慧祺
设计单位：壹正企划有限公司
建成地点：南昌

充满现代气息的天津银兴乐天电影城，坐落于悠然宽敞文化中心区，开放而具深度的气氛布满于区内。同样位于文化中心区的电影院，四周弥漫的现代主义一如千万条线连贯而成，室内空间也随之而跃动。

原为纯白恬淡的简约风格商场入口大堂，在纯白的墙壁和地坪之间，白色的小羊和鸵鸟径自背着播放预告片的电视，赶忙参加于此电影院举行的"缤纷动物运动会"。而他们所朝向的方向，正是由不同色彩组成构成于"天、地、墙"上的三维跑道。地面上的一列跑道旁早已出现了一批参赛者蓄势待发，有熊、鸵鸟、

犀牛、大象，甚至恐龙。参赛同时，他们又各自担任了售票柜台的角色。细看墙上的彩带般的跑道，可见这除了让售票处空间变得一体化之外，跑道中隐藏着的字幕显示屏使设计主题更见实用性。

沿着跑道往前走，是通往各影厅的走廊空间。如果售票大堂是田径赛中的径赛场地，那走廊的设计就一如加入了田赛项目一般。跑道上的绿色和青色大幅地扩散到墙壁及顶棚上，主题中的动感也在此得到强调。

观众终于来到影厅内，人们的呼吸慢了下来，室内的氛围也变得静宁，动感留给了电影。缤纷田径场上的蓝、绿、黄、紫四色沿着厅内左右两边墙壁留下方正的色块装饰，各颜色最后停顿并散落到各座位上，最后留下了地毯上的灰黑色几何线条。

南昌新华银兴国际影城

设计师：罗灵杰、龙慧祺
设计单位：壹正企划有限公司
建成地点：南昌

坐落于书城里的戏院，启发了设计师将书的元素融入于戏院当中。白底黑字是书本的最基本结构，反之电影却反其道而行，在黑色的胶卷上幻化出无穷的影像。一黑一白，看似多么的殊途，却同样由一页页或一格格的静态画面，默默地拼凑出属于你我他的故事。它们也是透过文字跟图像，启发人们的无限想象，仿佛游走于云霄之中。这两极的颜色，正是这座坐落于书城里的电影院采用的主调，务求用最基本的色调，彰显出书本与电影之间密不可割的特殊关系。每套电影的精髓皆来自出神入化的剧本创作，墙上一片片的白纸，就如剧作家们精心策划的剧本，为电影翻开新的一页。

甫踏进电影院，迎面而来是全白色的购票大堂，举目四望，全部都是一片片折叠起来的书页，稍一不慎，就堕进这个无底的书海！在正中央有几排迭得整齐的书页，远看几可乱真，原来是由人造石堆砌而成的售票处。当你沿着黑色的走廊前行，径自来到等候室，就会看见两根高高耸立的云石柱，云石柱上的纹理看上去像栩栩如生的书脊，安稳地屹立于这片书海之中，恰如其分地发挥作用。头顶上则是无数支纵横交错的长身绿色灯，打破格局，增添大自然之感。

黑色的戏院门拾级而上，既像黑色的胶卷，又似染黑了的书页，从门缝透出来的光线，反射在顶棚及地板上，垂直的光线交错出不同的几何线条。光与影是电影拍摄不可缺少的元素，这一刻，竟又让人联想起它们交织而生的书页，恰似蝴蝶般跃跃欲飞，却因为过于依恋文字，最终还是选择了留下来。就连放映室内，书的元素同样俯拾皆是，墙壁看上去似是硬卡纸的质感，地毯更化身成书架，装满一本又一本厚厚的著作。

p+one 体验馆

设计师：何思玮
设计伙伴：邓江蜜
设计单位：p+one 普利策设计 & 壹方建筑

　　展馆以"花开"装置，展示自然界绽放力量的瞬间，以五感体验自然、惜物、手感、细节之美。一个充满感染力的展示空间，不仅以展示参展品本身而存在，更在于承载和参与者的互动，让思维获得飞翔。

　　此艺术装置以生命之"花"的形式存在，而且，既继承了传统，运用了工字砌筑，又发展了传统，把参数化注入 3068 个空心矩形盒子中，获取弧线动态轨迹。一百个人对"花"有一百种理解，我们说她是建筑、是景观、是空间、是时间……参观者说她像长城，像迷宫，像峡谷，像太极……

　　传统得以继承并发展，在全球文化一体化中，具有重要的启示意义。"和"与"同"是先秦时期两个重要的哲学概念，孔子更继承并发展了这一理论。他认为所谓"不同"，也就是不强求一致，不重复别人。只有在大目标不冲突的前提下，承认差异，包容差异，乃至尊重差异，才能化解矛盾，共存共荣。随着人类认识自然、改造自然能力的增强，人与自然的关系在冲突与协调冲突的张力下，从自然威胁人类生存的激烈冲突逐渐演变为破坏了人与自然之间的平衡。

面对这样的环境，我们创造了一个抽象形态和空间界面，欢迎所有参与者与我们接触、对话，参与者与参与者之间得到交流的平台。我们尊重传统，尊重文化，同时我们拒绝条条框框，传统的空间理念正在改变，唯有洞察灵感能够超越无限。

保利（武汉）时代项目 VIP 接待中心

设计师：何思玮
设计单位：p+one 普利策设计 & 壹方建筑
建成地点：武汉

　　保利（武汉）时代项目 VIP 接待中心的设计紧贴业主对武汉光谷地块提出的定位要求，打造全新的人居综合的商业模式，是全新的地标和武汉名片，所以在公共空间创造了"态"——15m长的动态灯光装置。2610 根通透的玻璃灯管，参数化动态阵列，折射出属于这个时代的城市光影印记。整个项目渗透着时尚的、充满感染力的色彩，为光谷地块提供时尚，积极的交流场所。

　　我们认为，交流是社会进步的标志，只有在交流中，设计与接受彼此才能沟通。如果现代化设计的价值取向是去除多样性而追求均等性，去除特殊性而追求一般性，那么人类在现代化进程中，会不断地破坏着地球上原本丰富多彩的区域性文化。我们主张建筑必须被当成是自己土地上长出来的植物一样来进行设计，这一观点并不是要否定全球化的进程，而是主张在现代思想与独具特色的异质性区域文化交汇时，能够从其矛盾冲突中设法开创出更加独特的新文化。

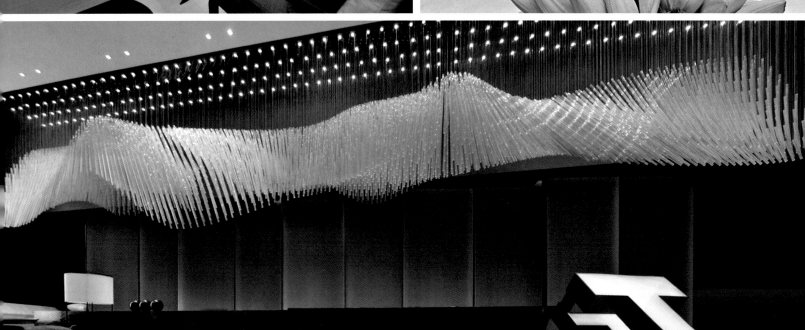

"和"，是中国古代一个极有价值、极具特色的哲学和文化概念，儒家文化更是提倡"和为贵"。保利时代 VIP 接待中心的设计将现代设计同本民族优秀传统文化充分结合，让设计获得了更为广阔的发展空间，真正走向了国际化。

白色教堂

设计师：Danny Cheng
设计单位：白色教堂 White Chapel
建成地点：香港

　　坐落于海岸线上的纯白色教堂，给人眼前一亮的感觉。顶棚设计的灵感源自名车林宝坚尼 ap700 型号的蜂巢状线条，配合灯光效果，令整个顶棚设计充满层次感和现代感。教堂给人一种纯洁和谐的感觉，因此设计师以纯白色作主调，再以简单的线条和通透清明的玻璃来配合教堂的宁静和庄严的气氛。室内两旁都有鳃状设计的板格，令所有电线、喇叭或其他电子仪器都收归其中，令嘉宾和新人进场的时候都不会有压迫感和眼花缭乱的感觉。而讲台后墙是整幅玻璃，一来可引入天然光，二来可利用外面一望无际的海景做衬托。

　　当水池注水后，教堂像缓缓地浮现于水池的中央，平静如镜的水面把整个教堂的设计一一的反映，除日与夜的变化，带来不一样的视觉效果。因临海关系，在光线的折射下，远眺时，还有"海市蜃楼"之效。设计师亦细心地将冷气系统及灯槽位置隐藏起来，整个设计从内到外也没有多余的东西，干净利落，缔造出简洁无瑕的纯白教堂。

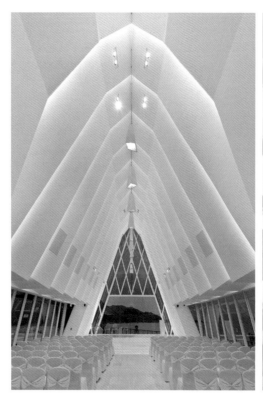

多彩的空间——广东省育才幼儿园二院

设计师：李伟强
设计单位：广东省集美设计工程有限公司
建成地点：广东

　　在我们身处的城市里，幼儿园的形象总是离不开鲜艳夸张的色彩，童话古堡式的建筑外观以及具象的卡通与科普道具造型。这些元素共同构筑起一个稳定而缺乏想象空间的幼儿园形象；接触过幼儿园设计的人都会对那套严谨得接近苛刻而又有点自相矛盾的安全与卫生规范留下深刻的印象。设计师为此也付出了很大的精力，在满足甲方要求的基础上最大限度地保证效果。而且，由于用地原来是位于教学楼地下层的游泳池，密布的管网与自然光线的不足更是设计师碰到的棘手问题。然而，我们不满足于仅仅解决这些技术层面上的功能问题，幼儿园的科学室应该具有更

多精神的内涵与趣味性。设计师认为：人类一切伟大的发明创造都是源于梦想的，而童年则是梦想最丰富的时期。于是，整个设计便围绕着这个比较抽象的主题而展开。我们避免时下惯用的说教和具象的科普形态而代之以简约的手法，几何的造型，抽象的隐喻，为小朋友们构筑起一个既充满梦幻色彩又具有实用功能的科学馆。这是本设计项目的独特价值所在。

我们以简约的手法，几何的造型，抽象的隐喻为小朋友们构筑起一个既充满梦幻色彩又具有实用功能的科学体验馆。这里没有生硬的说教，也没具象的科普形态，有的只是一道通往理想国度的七色彩虹桥，它存在于每个纯真未受污染的儿童心中。

建声听觉

设计师：谭淑静、陈绮雯、杨智斌
设计单位：禾筑国际设计有限公司
建成地点：台北

此案为助听器诊所与办公空间，因为业主的一句话"听见城市的雨意"与"花季"成为设计的主要灵感与主题。

利用观感的视觉、触觉来带入空间感受，将原始矮胖建筑的比例拉高，调整室内格局的动线与协调空间中的光与自然景致。

拔除老旧建筑，赋予城市新生命，大片的户外植生墙让老建筑呼吸，并且呼应了此空间的主题。

一个40年的老屋，除了老旧的结构、拯救严重的漏水问题，更要为未来的使用动线作完整规划；商业的招牌视觉，拉高了建筑原始矮胖的比例，也因此塑造了浑然天成的露台，透过茶玻璃和茶镜，层层透视空间延伸感，同时映照光线与景致，不论晴天雨天，都已经赋予建筑一个诗意的脚本，任时光流转而产生不同的剧情。

门口走进柜台，以J形招牌引导动线的概念为主轴，顶棚的不等边三角形组合，接手引导至等候区，在利落、简洁的线条中，理性地处理了所有的机能与使用行为。而茶镜的巧妙运用，削弱了柱体的沉重，却也因此与户外景致相呼应，随光影的流动而有不同的时间轨迹。

植栽、绿意，些许留白，温润调色，和一点点的热闹，让等候区不再空虚，处处以感受性为出发点来设计的空间。

Let it Bloom

设计师：Alex Xie, Yang Yeo
设计单位：X & Collective Design
建成地点：上海

业主名字的含义为葵花的朋友，经和客户沟通，我们决定将花园作为此次设计的主题。

办公室坐落于一栋上海具有百年历史的老厂房中，空间采光不足，导致局部区域绿植不能良性生长。所以我们重新定义了设计中的功能比重，并将全部办公空间打散，然后穿插在整个花园空间中。

结合地域，我们使用了一些更具户外感受的材料，并在室内引入流水，用以活跃整个空间沉旧的气氛，让每一个走入前台的人更像是即将进入公园放松的旅人。

进入中庭，风的流动将并置存在的内部空间及外部空间联结起来。迎接每个人的是几颗大树及树冠相连形成的荫蔽空间。树下的木制平台上环设休息座位，人们可以舒服地在树阴下交流讨论。

中庭两侧的会议室设置了整面的折叠移门，依据功能使用可以将墙体开放，让原本的私密空间和中庭形成有机的联系及互动，也让中庭得以延伸。

通过楼梯上至二层，环绕中庭走廊设置的员工区让员工在办公时既可以感受中庭的空间氛围，也尽量远离热闹的环境。散落

在公共区域的无数吊灯在傍晚打开时
如同闪光的星星越过树丛浮动在夜空
中，给人以放松的心境。

　　重建后的葵友，希望为客户、创
意机构、导演、电影制作团队创造更
为放松及开放的工作环境，如同开花
的花园，迸发更多的灵感。

和一国际大酒店

设计师：盛彦明
设计单位：广州市雅哲工程设计有限公司
建成地点：湖南

和一国际大酒店，坐落于湖南省长沙市。作为酒店改造项目，在设计上，设计师秉承"用设计解决问题"的理念，以艺术融入酒店，用酒店感触艺术，传统与现代相结合，重新塑造空间，孕育出"荷"为元素的低调奢华酒店。

酒店大堂为两层架空的方形空间。受原建筑高度限制，设计师通过巧妙的系统设计，最大限度地提高了空间高度，改善空间感。

二层一道柔美的弧线，重塑了原来形状不规则的中庭；沿弧线而打造的玻璃幕墙，阻隔了二层餐饮空间对大堂的影响，并塑造出完整的大堂顶棚，更有利于营造氛围。

大堂中最引人瞩目的是与大堂不规则中庭完美结合，夸张的"祥云"水晶吊灯。弯弯曲曲、高低起伏的造型，犹如池塘里荡漾的碧波。看似随意的弧线，满布顶棚，具有震慑的张力。吊灯沿中庭的柱子盘旋而下，使柱子成为吊灯的一部分，很好地处理了中庭柱子在空间的关系。"祥云"水晶吊灯为大堂的氛围营造起着举足轻重的作用。

经过一面荷花题材的马赛克流水壁画，穿过水晶吊灯，便是亮丽的服务台。荷花元素的精确提取和运用，配合灯光的完美控制，创造以水墨荷叶图案为背景的高质素服务空间。

本次的改造项目，是酒店的华丽
转型，"荷"幽雅的气质在空间中表
露无遗，营造出浓厚的"白云缭绕，
碧荷满塘"的清雅意境。

维多利亚潮流夜店

设计师：谢斌、付雄、何东林、曲智新
设计单位：答案联盟室内设计顾问（北京）有限公司
建成地点：广东

维多利亚酒吧位于中国佛山最核心地段——保利水城商圈，是继商圈内洲际大酒店、保利影院后的又一消费新亮点。也将成为佛山最大最 High 的一个酒吧！2012 年 12 月 1 日开业。由答案联盟室内设计顾问（北京）有限公司谢斌、付雄、何冬林、曲智新共同设计。

设计者大胆运用裸露水泥风格，将酷与时尚相结合，给当地的夜生活带来新的选择，来到酒吧还未迈入已被风情迥异的户外吧与千灯湖吸引！来到喧闹而热情的大厅随即被国际化的年轻、时尚、个性化潮流气息征服！"维多利亚秘密内衣秀"般的 T 台走秀感染着每一个受众。

设计者觉得当今中国酒吧空间设计走向应该有新的方向选择了！如何国际化？此案例便成为我们的紧接着 2005 年"昆明 NICE 酒吧"2006 年"昆明芭芘酒吧"之后的又一个阶段的思索与探讨。其完美开业成为业态新的潮流风向标！

佛山维多利亚酒吧作品荣获 2012 年亚太酒店设计协会金艺奖金奖。

埃克斯咖啡店

设计师：罗灵杰、龙慧祺
设计单位：一正企划有限公司
建成地点：广东

地球借着水和光，成为太阳系中惟一孕育着生命的个体。这里的海洋，就是孕育着、安抚着我们的巨大摇篮。摇篮也孕育了无限的启发和想象。

后来渺小的我们又用咖啡和属于咖啡的时间来寻觅一些慰藉，而海洋正好是让这种慰藉得以存在的媒介。位于深圳湾旅游讯息中心，这让人感觉到海洋的咖啡厅里，家具陈设也体现着我们跟大海的共存性。坐落于室内中央的大型椭圆装置，包含了收银柜位和制作咖啡的等主要功能，是个以美学意念来划分的实用空间。柜位的外形是启发自咖啡豆，它外表灰沉苦涩，却是客人口中深

层次美味的来源，灰色调正是体现这种特色。在这里咖啡豆一如包藏万物起源之巨卵，以成长的苦涩炼出生命的价值，阐述了海洋在现世间之角色。其朝上被"挖开"之两个开口处，既成为顾客们点咖啡及付款的窗口，也有效从外面摄取自然光、灯光及流动的空气。渗出灯光的店名字体和咖啡室简介小册子放置处，也见证了美观和实用性是可以并存。

如果白色的顶棚和柱子代表天空，那较深沉的地面就代表了顾客们希望身处的舒适"海洋"。海中鱼儿喜欢于珊瑚礁上生息，咖啡厅内带有有机造型的数群桌椅，例如置于室内外缘那仿似大

量章鱼般，又像很多气泡的长桌，就是以此活泼概念布于室内，致使于咖啡中寻求舒适安逸组的人们，组成一个个珊瑚礁一般的活生生的群落。桌椅都运用了鲜明的蓝绿配色，在这素色的室内环境显得特别醒目。不但替海洋主题起点睛之效，同时也有吸引视线和引导人流之效，也是设计者以逸待劳之举。

沿袭同样主题色彩，仿佛随意垂于高顶棚之下的特色吊灯，看似鱼仰望水面时可见之浮光跃金，提醒访客们，他们其实徜徉于珊瑚丛林之间。连接吊灯和顶棚的"波纹涟漪"，也以视觉手法充实了敞高的上空空间。美观和实用性在这滋养心灵的海中并存着。

Paradox House

设计师：张思慧
设计单位：THE XSS LIMITED
建成地点：泰国曼谷

层叠的仓库摇身一变，成为时尚的多媒体设计工作室，Paradox House 结合实用功能和现代风格，同时反映出它的主人独特的品位和生活方式。它创造了一个洁净及线条分明的工作室，突出了黄色玻璃框架的夹层。几何形状和线条充满现代感，创造出时尚的工作空间。

为了呈现超震撼的创造力，设计师在顶层荧光玻璃框架以盒子形式开始，标志着一个起点，作为多媒体工作间，采用现代风格，兼备多功能及科技的开放空间。

建筑元素在 PARADOX HOUSE 占有相当重要的装饰作用。

空间设计纯为现代主义，采用 - 不同的物料、颜色及形状。钢铁支架的玻璃楼梯是一种视觉享受的艺术，巧妙的设计，它看起来好像悬挂着，营造出空中浮动的幻觉。

恰如其名，Paradox House 在设计中反复利用对比的主题——黑色物质配搭纯白的墙壁，或者银白色磨砂铝条及陶瓷锦砖。巧妙的照明装置为不同区域的空间制造无比惊喜。影子与光线的结合，为寂静的空间带来了生命气息。

从剖面图来看，Paradox House 的设计融会了水平和垂直元素。简约设计的楼梯，以玻璃栏杆为主，透视的结构，在视觉上，它完美地呈现出建筑特征和美学概念，为空间的流动性作出切实的定义。

绿地·M 中心售楼处

设计师：颜呈勋
设计单位：穆哈地设计咨询（上海）有限公司
建成地点：贵阳

　　贵阳是一座"山中有城，城中有山，绿带环绕，森林围城，城在林中，林在城中"的具有高原特色的现代化城市。因处在高原上，且纬度低，故"冬无严寒，夏无酷暑"，有"第二春城"的美誉。典型的喀斯特地貌，以石林、峰丛、峰林和孤峰、溶沟和石芽为主要的地表形态。云贵高原上分布的石灰岩面积广，厚度深，在地质作用（板块的挤压作用，处于第二阶梯与第一阶梯的交界处）及水溶的化学反应下及自然力（如风，雨等）的长期作用下导致地无三里平的现象。贵州几乎可见到岩溶区所有的地貌形态和类型，地表有石牙、溶沟、漏斗、落水洞、峰林、溶盆、槽谷、岩溶湖、潭、

多潮泉等，地下有溶洞、地下河（暗河）、暗湖。我们希望利用这里天然的地形地貌特征通过室内空间的表现手法给人一种特别的参观体验和感受。

　　售楼处的内部我们采用阶梯状的逐渐抬高，在特别的高度采用回廊连接，整个空间貌似一个大的溶洞，在不同的高度感受钟乳石的闪闪发光，再通过不同位置的开洞进入内部，戏剧性的带给参观者特别的感受。不同大小和高度的楼梯相互连接，空间自然流畅的被连接在一起，参观者站在不同的高度用不同的视角体验空间的交错。我们首次尝试将模型区、洽谈区、水吧区逐层分离又相互影响，

LED 发光墙是这次空间塑造的亮点，大面积的墙面闪闪发光，细腻自然，整个空间好像通过某种魔力自然生成。

空间材料上白色几乎占据了大部分的色调，金属和木头以建筑的手法出现在特别的体量上。两条发光灯带像悬浮在空中的天梯一样让整个溶洞上空不再寂寞。

水吧区的入口像被两块巨石挤压出来的狭长走道，进入之后豁然开朗，大面积的金属网墙面和金色的吊灯在灰色的映衬下现代而华丽。影音室也是空间的另一个亮点，蓝色的几何图案和空间叠加，像一个戏剧性的戏院。

本案的特点是将贵阳的自然景观运用到空间的塑造上，并结合现代灯光技术的运用，带给参观者特别的感官体验。

盘锦市城市规划展览馆布展项目

设计师：李鹏、忻诚、黄驿岚、李兴华
设计单位：上海华凯展览展示工程有限公司
建成地点：辽宁

A. 项目定位——以展馆引领大时代。

"向海发展、全面转型、以港强市"，高擎发展大旗，迎接海洋世纪。盘锦城市规划展览馆，存证历史，鉴领未来。

B. 展示主题——盘古天地、锦绣家园。

展馆建筑本身契合"天圆地方、六合八方"的中华哲学，我们将这一文化哲学引申，在展馆内部的平面构造上，以"地为玉盘、天为织锦"中心广场式沙盘为中心，"中轴对称"的铺开整个盘锦规划。八方纳合而成"盘古天地、锦绣家园"的展示主题。

C. 设计理念——极简主义风格第一馆。

盘锦城市规划展示馆，打破展览传统，敞开空间思维大门，让该裸露的裸露，让本该自然的自然。混凝土，钢结构、梁、柱、桁架、拉杆适时暴露在立面上，展现材料本身和展馆的材料之美学，延伸出盘锦城市规划馆建筑自身独特的建筑空间形态。一条条直线勾勒、分割出的现代、简洁、大气的展示空间；黑、白、灰为主色彩的基调，直接、不造作，祛浮华、存本真，引申出展馆大巧不工的视觉张力，开拓整个空间的视野度，粗犷、时尚的"高技派"与"现代主义"风格结合，让展馆成为规划馆中此种展示空间呈现风格的第一馆。

D. 空间布局——展示内容与展示逻辑的完美融合。在展示内容上，我们以真正以规划为指引，深入挖掘展示内容内在逻辑，将整个展馆分为八大篇章。

D. 设计选材——低碳、环保、节约，用新理念创造魅空间 。设计模数化开放空间，立面的细部表情整合在材料模数与构造机理内，节约成本的同时，体现高雅不俗的品质。

E. 用户体验——投入运营后的效果、用户评价。整个展馆雄阔、清新、多彩，所有空间意象直奔主题，超常的设计所诠释的贵阳出类拔萃的规划，印入参观者的记忆，被深深地珍藏与隽永地回味。自展馆开馆以来，受到了各级领导人的充分肯定。

时代 / 花生 II

设计师：谷腾
设计单位：时代地产中心 设计研发部
建成地点：广州

　　此空间原本是两层的商铺，整合和改造后形成了一个纵向立体空间，立体的构成是此空间的设计母体，将平面设计运用到立体中去，让趣味与艺术有机地结合到一起。黑色条形构成的不规则四方体由上而下呈现视觉上的错幻感和新奇感，坚决的舍弃掉以往的装饰材料的运用，使整个空间的大色调纯净，以黑白灰为色彩基底把空间作为色彩的载体，纵向的色彩表达符合整个空间的气质，色彩的集中表现也在对比上产生韵律效果，从空间到局部每样东西都绽放着光彩。

时代地产珠海平沙时代港会所

设计师：余霖
设计单位：广州市东仓装饰设计有限公司
建成地点：珠海

在 2013 年，当我们谈论起生活与其中的填充物时，我们其实在谈论这个时代里人们的愿景。

对于大部分人而言，他们能够从一个定性为"生活馆"的公共空间获得什么？那即是我们试图在这个项目中表现的，用于起到部分提示作用的元素。当然，这些温和美好的跳跃的元素被承载在一个基底朴素的简单的空间里，必须让基础沉下去，你才能够发觉元素之美。如同生活这个概念本身的平凡一样，如果生活不是平凡的，快乐和美好恐怕也无从得到对比而被发觉。

这些元素是：温和，人与人的亲密，阅读的乐趣，真实的烛光火焰（虽然甲方要为此付出长期的维护费用但我认为一个元素的真实性无比之重要），素坯陶艺，创意盆景，一两片叶子或花朵，绘画……

最重要的是，这些元素无法购买，它们全部来自于：你必须亲手创作！

请注意，去是创作，而非制作，你的生活。

时代地产·平沙时代港销售中心

设计师：余霖、雷华杰、王勇、郑丹纯
设计单位：广州市东仓装饰设计有限公司
建成地点：珠海

一个公共空间的作用是什么？思考很久后的结论是：公共空间除了能够完整承载公众行为和梳理公众秩序（功能流线）外，更大的价值在于从感性上给予受众一些想象力与思考的可能性。因此，公共空间是一种明确的声音，它告诉你或者奇异，或者美好，或者性感，或者震撼，或者平静。缺少这种声音的公共空间是失败的，至少我这么认为。于是在此项目中，我希望能够传递的声音是情绪化的：请转过头去看看山脉，土壤，天空，海洋，这世界用多么强大的声音向我们阐述着美好，真实的简单和无所畏惧的变化。

这里是时代地产销售会所，销售着在珠海这片投资热土上他们建造的房子，每天有无数的人在这里，急切地、紧凑的购买他们未来的生活。作为地产产业链的另外一端——设计方，我多么希望他们真正懂得生活之美，多么希望他们在任何地方都能够获得享受和快乐。

所以，我们需要一个用朴素的木材，沙石，简单的工艺，阵列式的机理和构成，传递出一个关于"美好"的"可能性"。这也是在整个项目当中所贯穿的技术。一切，回归本质的构筑。

请带着情绪和想象去看待它和你的生活。

水舍

设计师：谢江波
设计单位：鸿扬家装
建成地点：湖南

　　建筑除了是空间的，还是音乐的，是用水来演奏的乐曲。街道是带有侵略性的，而墙则为我们创造了宁静；在这份宁静中用水奏响美妙的乐章在我们身边缭绕。——巴拉甘

　　本案例以水为元素试图打造静谧，平和有东方情调的现代空间，组合箱体在树影的掩护下拥有生动的表情，随着时间流逝，光线转移，拥有变幻的舞台，这是建筑与自然的对话。

　　空间中没有传统中式符号的堆砌，而是重在取其"意"轻在取其"形"使用现代的手法打造静和的灰调空间，东方的传统静谧与西方的开放简洁在空间中相互影响和渗透，完美地结合。

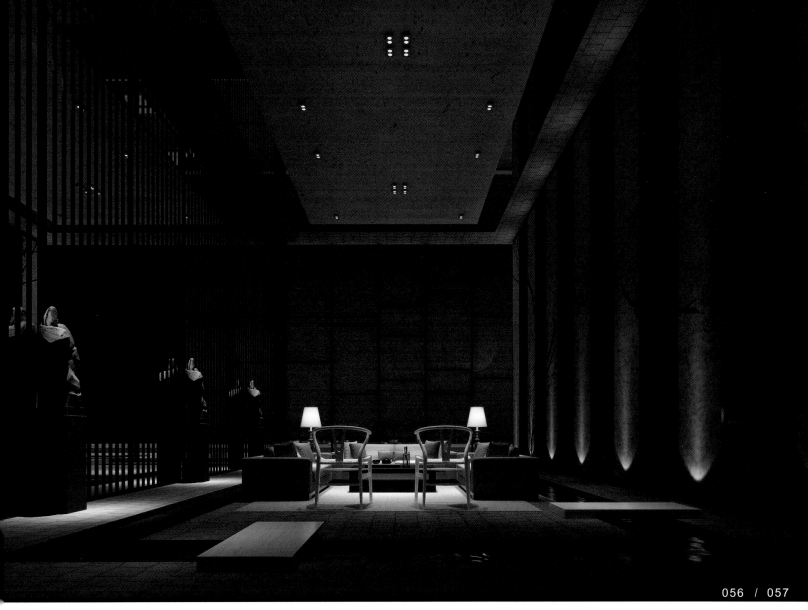

欧洲之星

设计师：张清平、潘瑞琦、罗明丰、王郁婷
设计单位：天坊室内计划有限公司
建成地点：台北

由沟通、了解及对生活细节需求的琢磨，白天用自然光，晚上用设定光源来渲染空间的层次，为本案造型制造对应与反差的关系，家不再只是住的功能，借由一个经过特别设计，完全为修身养性，与世无争，建构的场所，找回生命本体的纯净面目，并随时与自然与环境融为一体延伸一场串联与展开的对应概念；以穿透对应的概念发想在空间中产生明与暗，内与外，静与动，开放与隐秘等对应关系中，创造出不同空间轴线的堆栈与穿透，最后呈现的是一个大量采光与流动的空间。

光是最经济营造气氛的元素，也是最主要的工具，有了光可以感受空间，可以知道尺度，可以看到喜怒哀乐，更可以感受人性的原貌，也因此让使用者认识空间的角度，超越既定的想象，内心深处的愿景获得了实践。

从空间的开放／隐秘，光线的明／暗，层次的对比／渐变，对应关系中，创造空间堆栈与穿透的流动感，呈现一个光渲染的对应空间。

为这一些场域制造对称和反差的关系，也因此，让人们可以改变认识空间的角度，引领使用者超越既定的想象，内心深处的愿望也获得了实现。家，是一种生活态度的反射，是一种情境，是一种气氛，更是一种意境。意境与实景都是一种唯心所现，有什么比用心更有说服力，让自己成为空间中的喜悦，走到哪里就快乐到哪里。

中企绿色总部·广佛基地办公室

设计师：史鸿伟 Horace
设计单位：广州共生形态工程设计有限公司
建成地点：佛山

　　中企绿色总部·广佛基地位于广佛核心区域——佛山市南海区里水镇东部，总占地面积 30 万 ㎡，建筑面积 50 多万 ㎡。项目由生态型独栋写字楼、LOFT 办公、公寓、五星级酒店、商务会所、休闲商业街等组成。

　　本案突出"office park"和"business casual"的设计理念，"面对面"的工作，是一种提倡"沟通、交流和互动"的工作方式，并希望使用者能有亲切的归属感，能够在一种轻松、愉悦的气氛下互动。

海尔天津津南八里台项目售楼处

设计师：刘鸿明
设计单位：天津华汇建筑景观室内设计有限公司
建成地点：天津

　　我们在本项目中的设计主题不仅仅是设计一所房子，而是在设计一种生活方式。设计本身并非单纯室内设计，而是通过与楼盘的整体建筑语言及建筑本身设计风格统一协调，相得益彰，既简约又大气。将中式设计语言用现代的设计手法加以表现。自然的光线，自然的材料，最自然最原始的中式设计语言，统一在一起，带动环境的整体氛围，更加注重企业和文化的融合。新型 GRG 材料的大量运用，室内大量的绿色种植，追求的是一种纯粹的设计感。我们的设计除了要有"设计"的味道之外，更要让观者眼睛舒服，让使用者坐拥其中时全身心愉悦。

海南三亚万通喜来登土福湾酒店

设计师：吴剑锋、齐胜利
设计单位：广州集美组室内设计工程有限公司
建成地点：海南

土福湾喜来登酒店位于海南岛东南端、陵水县西部与三亚市交界处的土福湾旅游度假区内，与香水湾、清水湾并称陵水县三大海湾。

土福湾酒店项目的规划及建筑设计紧扣"东方会客厅"这个概念，与自然紧密结合，创造一种悠闲、大气、宁静、舒适的气氛，让客人彻底忘掉城市的喧闹，自由自在地在酒店放松几天。

汉唐建筑是富有美感的建筑，它能巧妙地将东方古韵与建筑所有的独特美感结合为一体，浑然天成，相得益彰，是东方文化美学的标志。汉唐建筑发展到近乎完善，不仅大气，而且有着气吞万里如虎的气势磅礴的气魄，更重要的是表现一种国家自信、强盛、高度繁荣的外在精神与面貌。汉唐建筑与本项目的市场定位——以国际性的视野打造成为南中国面向世界的门户、旅游长廊、东方会客厅相契合。

寻找中国传统文化精髓的同时，吸纳现代建筑与滨海度假生活的流线形态，将现代建筑的"形"与中国传统文化的"神"两相结合，使中国文化元素的演绎达到"形神"兼备的完美统一，创造真正属于中国的、世界的滨海休闲度假胜境，实现居住、休闲度假及文化体验价值的最大化。

土性文化——喀什"布拉克贝希"生土民居文化体验馆

设计师：闫飞、姜丹
设计单位：新疆师范大学美术学院
建成地点：新疆

本设计项目以喀什老城区"布拉克贝希"为设计基地。"布拉克贝希"是维吾尔语，直译为"泉边"的语意，今为喀什市老城区东北的一处泉景，相传已有上千年历史，一直受到当地百姓的珍爱和保护。在伊斯兰教传入喀什噶尔之后，本地穆斯林将其比拟为阿拉伯麦加城内的"渗渗泉"。因这里的泉景有九股泉眼，也得名"九龙泉"。

2008年，经中央批示国家投资70亿元对喀什老城区进行改造，其中"布拉克贝希"是喀什老城核心区域重要的历史与文化节点，在此建造"生土民居体验馆"试图再现两千多年喀什生土建筑文化的精髓传承。

生土建筑是新疆干旱区域最古老的建筑模式之一，也是喀什地区民居生态可持续发展的绿色环保建筑典范，代表着新疆典型的"土性"文化，承载着"喀什噶尔"物质与精神的传统文化脉络。本设计方案以尊重喀什的自然地理环境、生土建筑风貌、民俗民风特色为落脚点，结合空间、结构、材料、经济、环境及绿色技术等要素，对新疆生土民居建筑展开多层面的挖掘、保护与开发。

昆山叙品酒吧

设计师：蒋国兴
设计单位：叙品设计装饰工程有限公司
建成地点：江苏

　　叙品酒吧是位于叙品设计公司内部使用的小酒吧，由原先的饰品库改造完成。作为设计公司的小酒吧，它责任重大，意义也不同，可以在设计师繁忙之余，放松陶冶心情的休闲空间。

　　本案酒吧的设计风格，不同于一般的酒吧娱乐空间，它以中式风格为主线，融入现代与欧式的经典元素，打造休闲时尚不失中式韵味的休闲会所。时尚的镜面陶瓷锦砖吊顶，布满书香的书架，异域风情的油画，充满回忆的留声机，给予冬季带来温暖的壁炉等，这些各种风情在这里得到完美的融合，一切都是那么惬意。你可以在这品茶论酒、谈天说地，也可以与朋友在这回忆往事，畅谈未来。

　　这些无不是人生的一件快事。

　　至今为止，叙品小酒吧引来了许多"慕名而至"的设计师朋友们，"设计沙龙"、"设计师聚会"等很多活动都愿意来这举办，叙品小酒吧已在业内"小有名气"。希望越来越多的设计师朋友能够闲暇之余，步至叙品小酒吧，我们在此诚挚的欢迎你。

Angular Momentum

设计师：赵牧桓、赵玉玲、胡昕岳
设计单位：赵牧桓室内设计研究室
建成地点：上海

透过向量寻找空间流动的动能和律动。

平面——利用休息区的隔墙分流入口动线并作为进入空间的首要门帘，划开私密的大工作区块与公共的开放区间。两侧分布各是中小型会议室和台球（撞球）娱乐室。

会议室的分隔墙面以线性雕刻玻璃并赋予灯光强调办公室的工作属性。图书资料室采用开放式设计并无明显隔间区隔，中间由一个长廊连接并可作为一个小型的临时的讨论短会交流区，走道直通主管办公室并分流至娱乐健身房。

概念—— 不等分的二维平面进而构成三维的量体，形成一种凝结的空间动能。不同向量的平面切块互相交汇联结并在轴线上扭动翻转，宛如一个运动体在时间冻结时的定格，但相对暗示物体本身下一时间预订形成的体态，也就是说隔墙不再是立面上的一个维度，而是处于一种运动状态的静止画面。因此在进入空间后的视觉和空间感有个改变，空间因此有了流动感，是一个视觉暗示，但却改变了人的实质感知。空间也有了不同的趣味。

材质——利用单一中性色材质烘托复杂的线条和块面体。

树美术馆

设计师：戴璞
设计单位：大章建筑
建成地点：北京

　　该项目位于中国北京宋庄，位于一条主公路的路边。原有的村落景观逐渐消失，被大尺度的适合车行的地块划分取代。虽然这里有艺术村的名声在外，但没有当地朋友的引荐，很难在这一区域停留，对艺术氛围有深入的探访。因此，最早的想法是在基地上创造一个不同于周遭的环境的，适合人们在这里停留、约会以及交流的公共艺术空间。

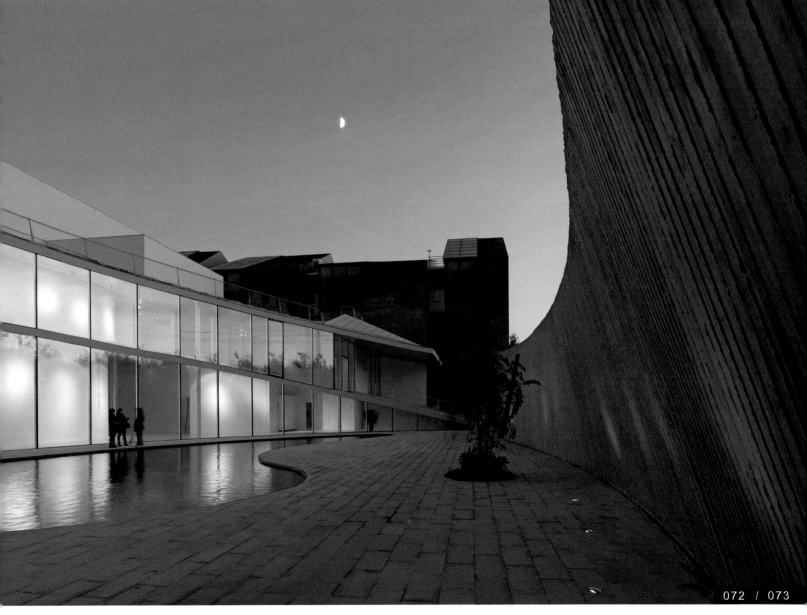

C 依 C 办公楼

设计师：郑少文、林峻
设计单位：汕头市博一组设计有限公司
建成地点：广东

对方形的办公楼空间做整体功能规划和设计时，采用了方圆交融、方圆并用、方圆互变的大度、包容的设计手法，颇具心思的通过办公空间向人们展示一个企业乃至一位企业家方之立身、圆融做人、圆中见方、求方顺圆的人生智慧和企业成长之路。

办公楼的接待大堂，就是一个宽敞、公共的中介空间来连接其他功能区域，为此，在大堂屋顶顶棚和大堂挑空区域连接二、三层办公空间的设计上做了大尺度的跨越和大胆的尝试。大厅屋顶采用铝方通吊顶。挑空区域连接二、三层其他办公空间的是两座横空而过的架空"桥梁"，象征着连接企业员工的心灵桥梁。

办公楼的另一空间——会议接待大厅，大厅的四周采用条状木质结构配合现场手工作画，体现的品质正是企业正直、阳光成长之路。

董事长办公室室内的墙壁饰以线条简洁的装饰板，采用边缘藏光，让整个空间充盈光亮。在董事长办公桌的正对面二层楼高的墙体设计了大面积的书架，与装饰板藏光墙连接。

产品展厅设计上以白色作为主色调，正方透光石板边框的展架更显厚重，另以棱角突出的几何造型板做隔断，分隔出各个产品体验区。

从接待大堂作为开篇到产品展厅作为收笔，透过蕴藏文化的办公空间让企业品牌得以升华。

潮宏基博物馆

设计师：郑少文、肖植茂
设计单位：汕头市博一组设计有限公司
建成地点：广东

潮宏基珠宝博物馆的展品主要是历代宫廷首饰和少数民族首饰。博物馆室内设计以纯净、冷静的时尚设计手法来烘托璀璨夺目的珠宝。

入口大厅以现代中式的设计手法，让人一进大厅就能顿时感受到一股时尚冷艳的中国风。

进入博物馆一层的汉族展区。黑、白、灰的装饰色调，大面积的竹板装饰墙与汉族的饰品显得非常协调。设计师运用竹木条将连接一、二层展区的楼梯半封闭，使结构上显得更加厚实。

博物馆二层分布多个展区，有少数民族展区、现代饰品展区。

布局上通过墙体连接顶棚的光带在整个馆内的不匀称分布，和不规则的几何造型门，贯穿成时光隧道，柔和的空间，强光直射在展品上，各式宝饰更加璀璨。

冷，讲究色彩的素雅格调，适当的留白空间让整体效果更加自然纯粹。感受整个博物馆宁静高雅的同时，也能感受到时间所沉淀的精华。

静，虚实变化中的每一个隔断、每一个过渡、每一个造型，可以让空间有更大的弹性和更深邃的遐想意境。

浙江嘉捷服饰有限公司总部办公楼

设计师：朱晓鸣
设计单位：杭州意内雅建筑装饰设计有限公司
建成地点：浙江

此案为一家皮革服装生产、国际贸易的服饰公司办公总部。

为表现该企业特有的国际化特性与服装行业的时代性，在建筑形态与室内空间设计中，我们尝试中西合璧的设计手法，将欧式建筑风格简约化后，结合当代的简约、纯粹、几何的设计语言，两者进行巧妙的结合，立意营造一种带着欧洲中世纪图书馆气息的空间氛围。

在一层的空间中，通过欧式风格的墙体围合割划后，修整出规整利落净高9m的中空，为增强室内装饰气息的年轮厚重感，用了清水混凝土浇筑的方法，改变了原柱子形态的同时，又修正了原建筑柱网的形体差异；自然的对接了建筑元素水泥顶；大厅加以虚实的通高书柜阵列围合，及欧洲经典家具、饰品的陈设，刚柔结合地强化了中厅的视觉张力并映射出企业浓郁的国际风范、深远文化。

二层、三层为生产、营销、企划、人事等高密度人员办公区，在敞开式办公区中，合理的划分了工作区与劳逸结合的茶水间、阅览室、员工休息区等，形态上更注重功能性与简约的统一性。

在五层的高管办公区中，特别结合每位高管的艺术审美、生活哲学，呈现出风格迥异的独立空间的自我气息。在整体的空间材质运用上，并未一味追求欧式的奢华；水磨石地、回购老木板、自制木

纹水泥墙等的运用，既跳脱了办公空间常规用材的同质化，化常规为独特，又为现代企业的严谨、简洁、环保理念加分。

狼羊之恋

设计师：彭征、谢泽坤、林凯佳、陈泳夏
设计单位：广州共生形态工程设计有限公司
建成地点：广东

　　我喜欢羊，也喜欢狼，不因为美丽，只因为荒唐。

　　家不是一个理性的场所，而是一个需要弹性的空间，家不仅是家具的仓库，更是我们的情感与记忆，欢笑与忧伤的容器。

　　对于这套 92 m² 的 3+1 户型样板间，目标客户群针对的是 80 后的刚需客户，我们希望样板间除了满足基本的户型和功能诉求外更多地体现一种新的生活气息，而对于一个懂得享受生活的 80 后而言，艺术、时尚与生活并不是杂志的美丽谎言，它们如此真实而触手可碰。

三亚亚龙湾天普会所

设计师：戴勇
设计单位：勇室内设计师事务所
建成地点：海南

瞧地下花开花落，看天上云卷云舒。

本案地处海南三亚亚龙湾，拥有最美丽的海滨风光和热带天然植物，是一处静谧清幽的度假胜地。会所主人深爱中国传统文化，对明式家具情有独钟，拥有一颗返璞归真的心。他希望在这个地理位置极好，自然生态撩人的环境中能够真正地平淡真实和静默放松，与自然融为一体，万念放空。

空间设计，体现大气无形，张弛有度，融合现代的设计手法和当地多元的文化元素。对称、穿透、借景，框景等多种表现方式在设计中得到积极运用。选材自然，主要以泰柚实木为主要装饰材料，配合米色云石和麻草墙纸完成全部空间的装饰面。后期的家具等也同样地使用了泰柚实木，以明式家具中的内翻马蹄款式为主，局部家具选用小叶紫檀名贵家具。所选用的陈设物品围绕古拙的审美观念结合当地人文特色进行，点到即止，留白生韵，禅道相参，区别于满的形式进行布置。面料的选用注重自然朴实，触感温暖自然舒适，配合内蕴低调富贵的丝质作点缀。色彩以包容的灰性作为主要的选用依据。开放通透的空间格局让人亲切地感受到棕榈缥缈，椰风海韵的自然美景，室内与室外融为一体。

物与形相融，情与景相通，内与外共处，人与自然对话，是本案的最终展现。设计赋予空间品位，亲近自然，东方禅境，在此不期而遇。

伊美尔私人美容及理疗中心

设计师：刘昊威
设计公司：CAA 建筑事务所
建成地点：北京

　　此项目坐落于北京丽都商圈，作为伊美尔集团向高端独立医疗诊所领域发展的首家旗舰店，CAA 试图创造一个突破传统医疗场所冰冷感，注重感官享受和服务体验的新型医疗样板间。为此，空间设计里使用了大量曲面木板，仿生自然水流，用柔美灵动的线条贯穿整个公共区域，引导人行动线进入不同的专属医疗单间。实木材料的使用带来温暖安心的质感，同时也暗示着空间提供水疗 SPA 服务的属性。木板与木板之间则嵌入 LED 照明设备，散发出柔和的光线，进一步增加了空间的温馨氛围。木板的曲度和宽度经过三维放样和精确计算，保持着恰到好处的韵律，于流动之中彰显生命感，彻底摆脱了医疗空间带来的冰冷恐惧，让使用者在轻松享受的同时，实现心态上的转变。

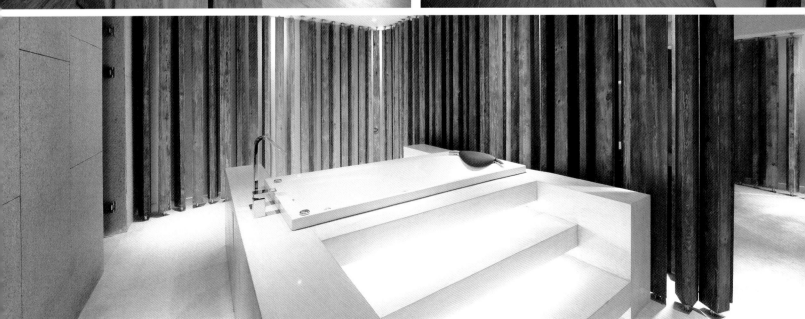

华润·仰山项目

设计师：VACUUM.BEST DESIGN
设计单位：VACUUM.BEST DESIGN
建成地点：山东

　　该项目位于济南市兴隆片区，中西厅的多功能厨房和餐厅相邻，古典的家居配饰，使餐厅和客厅相互借景。我们将本案打造成现代中式风格，室内多采用对称式的布局方式，格调高雅，造型简朴优美，色彩浓重而成熟。崇尚自然情趣不是复古元素的简单堆砌，我们对空间色彩进行通盘考虑。

　　所谓新中式风格就是作为传统中式家居风格的现代生活理念，通过提取传统家居的精华元素和生活符号进行合理的搭配、布局，在整体的家居设计中既有中式家居的传统韵味又更多的符合了现代人居住的生活特点，让古典与现代完美结合，传统与时尚并存。

东一号

设计师：蒋国兴、唐振南、李海洋、韩小伟、陶会会
设计单位：叙品设计装饰工程有限公司
建成地点：江苏

多年前就有电视台准备给我做设计师之家的专题，看看一个设计师的家是什么样子，那时我们只能弱弱地告诉他们："还没装修完呢"。这一装就是几年，前前后后出了几稿设计方案，每次必有惊喜，也必然会有遗憾，而正是因为这个案子慢慢让叙品理解了家装业主的苦心，叙品多年都以商业设计为重点，因为公司的历程让设计师对商业上的定位、经营、环境更为理解那么一点点，而对于家装更多是业主的主观意见高于一切，当然因为这个案子的过程及结果让我们的想法有所改变，最初的图纸出来，之前征求老人、小孩的各方意见，其实主观意见大不相同，包括结果也跟初衷截然不同，但大家比预期中更喜欢，什么美式、日式、北欧、地中海、后现代、中式等等都不重要，就好比武打派别，重要的是能打，名称并不重要。家装的核心是"家"，什么样让她能不受风格的约束下有家的感觉，这是设计师最需要解决的问题。

本案一如既往的体现叙品所认为的现代中式，本案与商业空间不同的是让平静、清新、温情融入其中。

通过色彩造型光线的创新，以及家具软饰的配合，来营造一种温馨和谐的生活空间，在功能、美学、个性中寻到最佳的契合点，把生活真实与艺术融汇在一起。

牛公馆（宁波水街店）

设计师：利旭恒，赵爽，尤芬
设计单位：古鲁奇公司
建成地点：宁波

　　"眷村牛肉面" 这样的特殊食物，当年明明是创新的东西，却摆放在旧的架构底下被当作老东西看待，当然这也是在台湾成长的孩子共同的记忆——昏黄的灯光，浓浓外省乡音的老板，满屋花椒大料与中药材飘香，大大的青花瓷面碗，每张桌子上都有一桶的满满筷子的筷桶，滚烫的热汤浮满了黄黄的牛油，能够塞满整嘴的大块牛肉，大口咬下弹牙的面条……停不下来。这是 20 多年前的回忆了，那年老张已经 70 岁，四川绵阳人，1949 年跟随国民党部队到台湾，退伍后离家 40 年的老张用着对故乡残存的记忆拼凑出属于他家乡的味道，这也就是今天的台湾川味牛肉面了。

　　当时年轻的利旭恒怎么会了解一个离家多年四川老兵的心理想着什么，好吃是每回那一大碗一大碗的面带给人们最满足的回忆。2011 年在北京，一客户委托设计一个台湾牛肉面馆，刹那间那年吃面的回忆有如倾巢而出，同时也开始了设计师的回忆工程…… 一个充满吃面回忆的面馆。

　　关于本案空间，没有高深的设计理念，只有回忆，青花大碗，筷子，热腾腾烟雾缭绕，就是这家面馆的主题，当年老张从大陆去了台湾，20年后利旭恒从台湾来到了大陆，设计师只想用老张的笨方法拼凑当年在故乡吃面的回忆。

本案是台湾设计师利旭恒对外发表
的第一个含有两岸历史回忆的牛肉面馆
设计作品，具备多种大时代儿女情感的
意义。台湾独有的川味面食、京城文化、
那段老兵故事的混搭，这是设计师为这
段两岸凄美回忆刻意制造的联结。

H3 体验馆

设计师：王胜杰
设计单位：新加坡诺特设计集团
建成地点：昆明

· 外面设计

为了制造一个木专家的外观形象，店面引用了5种不同的木板规格，以不同形式穿插在一起，像是一副立体拼图。为了表现出企业对生态环境与环保的支持，设计采取就地取材的态度，外观用的都是本土容易购到的防腐松木。宽度、长度不同的木板，还有玻璃窗外的木百叶，组成外壳和内皮的造型。因为整个建筑体积应用了同种材料，加上不同的层次，视觉感非常强，就如一个庞大的木雕刻，使人们从很远的距离就可以看见，该建筑成了这个品牌的立体广告牌，也成了当地的地标。

· 室内设计

为了利用主产品来带动消费者对其他产品的注意力，设计采用了一个创新的丝带式系统来展现木地板，同时把消费者引到其他产品的样板间去。丝带式系统不仅作为产品展示，也作为其他产品的引导。这种展示方式既不限制活动空间，也让整体空间显得很开放。丝带造型也成了空间内的长凳、门口和雕塑。不同的样板间让消费者接触到不同的设计空间，让他们看到不同的家具与建材组合，帮他们解决了一些设计上的纠结和问题。楼下吊顶采用不同尺寸方块拼成的木纹三聚氰胺版，二层而采用黑色乳胶漆，从楼下中空可看到强烈的对比。一层的前台兼讨论桌以突出的造型欢迎参观者。二层的工作兼会议桌是敞开式的，从楼下

通过二层的透明玻璃栏杆可以看到。分布在两个楼层的也有异形的长凳与长桌，就像艺术品似的点缀着整体空间，好比雕塑内的雕塑。

折子戏——北京天图文化创意产业创新基地

设计师：王国彬、赵彤
设计单位：北京工业大学艺术设计学院
建成地点：北京

折子戏——顾名思义，是本戏里的一折，强调戏剧冲突的尖锐激烈，"折"的定义是音乐曲调上自成一"套"，有相对完整的戏剧逻辑。结构上力求突出鲜明的个人特色，是戏曲中的精彩片断，是全剧的中心或灵魂，有很强的独立性。

1. 时代之折：21世纪是文化创意的时代，世界处于多元与多样的冲突之中，作为中国文化中心的首都北京，先一步将文化创意作为产业列在国民经济发展规划中。在此时代浪潮之下，2008年，北京天图设计工程有限公司与北京市建筑装饰协会、北京工业设计促进会、北京工业设计促进中心联合，在北京昌平沙河镇小沙河村的一片旧厂房之上，创立

了"北京建筑装饰行业文化创意产业示范园区"，由作为北京市建筑装饰协会指定的唯一企业——北京天图设计工程有限公司负责园区的建设、管理和经营。

2. 文化之折：世界经济一体化的今天，古今中外文化激烈碰撞，曲折前行。自古"曲生吉"，我们在天图文化传意产业园的设计之中，以"折"代"曲"，坚持"承古铄今，兼容并包"的设计思想，既运用了中国传统文化和工艺美术，又体现了世界现代设计与工业生产。"中学为体，西学为用。"物质与非物质，东方与西方，科学与艺术，新与旧在碰撞之中呈现"大同"之象，更应"在天成像，在地为图"。

3.设计之折："折"不仅作为文化
理念，更用作设计手法。"折"作为园
区视觉语言，体现了强烈的艺术性，彰
显出园区整体形象的创造力与个性。整
个园区从规划布局到单体建筑设计乃至
室内设计，甚至建筑的金属装饰表皮节
点，都采取了"折"的艺术设计语言。
整个园区规划根据场地特点，因地而折，
因树而折。因"折"而特立独行，特色鲜明；
因折而大开大合，彼此贯通；因折而融
古汇今，齐物十方。

"一出折子戏，知行在此中。多少
世间事，此处皆可知。"

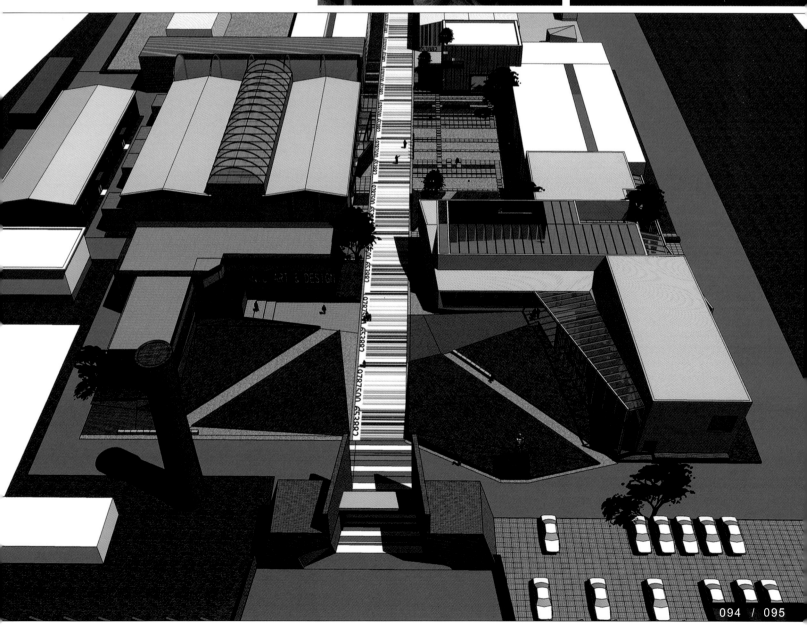

人民大会堂广东厅改造设计工程

设计师：吴武彬、谢宇庆、张博
设计单位：广东省集美设计工程有限公司
建成地点：北京

　　本方案从广东传统建筑获取结构处理的灵感，细节处理源于潮州木雕、南越国时期的图案和民间工艺等，其中贯穿于整个大厅的浮雕腰线以赛龙舟为题，体现了勇于拼搏、敢为人先的广东精神。整个大厅通过结构到细节处理，以及大型壁画、屏风和艺术摆件体现浓郁的广东气息。设计师们在这些充满地方特色的素材上，通过对造型、色彩、材质、比例等的处理，使大厅在洋溢着广东特色的同时，亦闪烁着时代的光芒。

室内部分 / 概念

INDOOR SECTION/CONCEPT

山西省土窑洞环境改造设计之一：假想体

设计师：孙晓雨、赵阳
设计单位：中央美术学院建筑学院第六工作室
建成地点：山西

　　无论是映像还是纸媒，都直白的灌注给我们地坑窑的物质属性，是作为当地环境的衍生物而普遍性的存在，却忽略了其沉默内敛的情感价值。它是当地农民代代生存的民居形式，持有丰富得令人难以置信的历史和时间，寄予了它不同的人文传承和生活态度。而现状却是，在对现代生活美好向往的憧憬下，许多新一代农民将其视为贫穷落后的象征，离开了窑洞。少了人类的居住和维护，坍塌的窑洞落为黄土，祖辈们勤俭淳朴的生活态度也随之淡去。

　　方案目的是为了宣传窑洞，提升关注和曝光度，为此做了一个展览的策划方案设计。设计主旨在于，以非传统的手法表现传统的民居形式。从建筑已经沉淀的过往中，把它的时间拾起，读取其中的信息，提炼为一个窑洞的"假

想体"（"假想体"又称"如果体"，近期走红于微博，意为古代人说现代语，隐喻当代新闻事件。）新的视觉感受，则暗示观者从新的心理角度重新读我们熟悉的生土建筑。

　　窑洞给我们的特殊感受是重、实、厚，而材料选用轻、透、薄的织物，借用条形金属做支架，在大面积通透的模糊界面中，穿插线元素，勾勒窑洞特殊的空间结构；而通透性是窑脸、剪纸和织物的共同特征，成为营造视觉氛围的主角。从当地民俗艺术剪纸中，提取红色作为主色调，在色彩心理学中，红色诠释出了热烈、吉祥和活力。因为材料的通透性，降低了红色在视觉中的热烈成分，多了些许平静和内敛。窑脸作为窑洞的一个重要元素，进行了

新的设计整合。

　　窑体、窑脸及大部分家具都是透明织物和金属构架组成，加之少部分的实体家具，如白色陶罐、木箱和条凳。家具的选型，则是通过对农民在窑洞中的生活场景，进行了提炼和简化。墙面向内倾斜形成的三角形子空间，则体现了窑洞的一个空间特性："负形"。对面拐窑的"负形"则为"假想体"提供了一个出入口的作用功能。使"假想体"的空间形成了虚与实、正形与负形、过去与现在的穿越。如果你身在我们的"窑洞"中，请给自己一个不再让它沉默的理由。

山西省土窑洞环境改造设计之一：窑洞新生

设计师：陈欣、李雨芯、刘超
设计单位：中央美术学院建筑学院第六工作室
建成地点：山西

经济的发展、社会的进步以及农民居住品质的提高，那些古老、令人留恋的窑洞正在慢慢被人们遗忘。而新农民则更加向往现代化的舒适生活，搬离了窑洞，离开了养育他们的故土。随之，这些世世代代的陕西民居形式也在逐渐地消失。

设计的主旨在于秉承保护窑洞，为当代新农民而设计的雅致、舒适的新生窑洞。本设计主要以地坑窑为原型，利用窑洞自身鲜明的建筑特色，为古老的窑洞形式赋予新的表现力。新一代的窑洞在舒适度等方面都注入了新鲜元素，提高了新农民生活品质。

本方案中，创新点侧重于将地坑窑原有的单一化空间形式，通过对室内地面的高差处理和生土的可塑性把握，丰富了室内空间布局。在空间功能上，以主卧空间为设计的本体。在采光最佳的入口处，设置为个人休闲的起居空间，包括了书柜、炕桌、懒人沙发，以及紧贴窑脸的休息台。一本书、一杯咖啡、舒适的沙发和靠垫，惬意自在的独享时光；睡眠区位于窑洞空间的中部，采用了舒适度较高的床垫和生土床体，放置在窑壁上凿磨出的拱形空间中。整个床斜向布置，即能满足采光需求又能保有一定的私密度。白色系简洁的床品，体现出纯粹、自由的空间风格；在其对面，通过相同方式形成的洗漱空间，柔和的光源、简约的洁具用品提升了新农民的生活品质；在窑洞空间的后部为步入式衣帽间，其中还包括了梳妆台，满足了主卧空间的配套附属功能需求。

并在顶部进行了通风处理，确保窑洞室内空间干燥。

作为新生窑洞，并不意味着摒弃原有窑洞的一切。我们提出在室内部分家具中，可将废旧材料再次运用的理念，体现了新农民同样具有低碳环保的生活态度。

在本方案中，炕桌与书柜均是旧木材的再利用，即降低了设计成本又传承了祖辈的淳朴民风。从装饰效果上来看，旧物也具有地域性、历史感和人情味的视觉感受。

山西省土窑洞环境改造设计之一：为农民而设计

设计师：于洋、张洋洋
设计单位：中央美术学院建筑学院第六工作室
建成地点：山西

　　窑洞是黄土高原的产物，是陕北农民的象征。在这里，积淀着古老的黄土地文化，孕育出独特富有魅力的民间艺术。窑洞作为华夏文明的物质文化遗产，它特有的营造方式和空间形态，与生俱来就拥有着许多现代建筑所不具备的优点，它低碳、环保，有很好的保温、隔热功能，同时，作为古老智慧的象征，应当加以关注。而不仅仅当作一种与现代生活格格不入的文物保护，更应该将窑洞低碳环保的特性发扬光大。

　　本方案就是立足于为居住在窑洞中的农民而设计的，将现代的设计手法融入当地民俗文化，投入人文关怀的眼光，去解读农民现有的生活状态，从而酿出"新乡土"的设计新风。作为本次设计的目标人群农民，他们所具有的淳朴、踏实、勤劳、善良、节俭等性格特征，直观地反映到自身的生活状态中，呈现出朴素、实用、简洁、生活化等特点。黄庆军、马宏杰的《家当》系列影像作品给我们展示出不同地域农民的生活状态，其中陕西窑洞的农民照片印象尤为深刻，一台彩电、几床铺盖、几个锅碗瓢盆就是居住在窑洞中老两口的全部家当，居住环境和生活品质亟待提高。因此我们提出立足当下，通过设计提升农民的居住环境品质，同时保留原有的生活状态，降低造价实现可持续发展，最终达到创新与实用两个目的。

　　我们以陕西最常见的地坑式窑洞为例，选择其中一个主卧室窑洞作为设计对象。通过功能划分，我们将室内空间主要分成三个部分：睡眠休息区、会客区

以及储藏杂物区，我们依从当地生活习惯，将炕设在窗边，有效保证了采光，炕上采用当地常见的席子，实木封边，增设靠柜，运用实与虚的搭配，体现"纯而透"的设计手法。我们将窑洞内的空间进行了改造，改变常态直的墙面，在窑洞内壁做了一个圆弧形顶面，形成一个小的围合空间，作为会客区，通过向心性的空间来体现团聚的亲和力。同样是炕的形式，采用"木与土"的结合，弧形墙上通过精心设计的墙洞，展示当地的民俗物件，起到点睛的作用。灯具的设计同样是使用当地的藤编材料。电视机、衣柜等家具也是采用挖洞的形式，利用生土窑洞特性来实现自然淳朴的乡土气息。

伏羲山棋盘谷精品酒店

设计师：吴剑锋、齐胜利
设计单位：广州集美组室内设计工程有限公司
建成地点：河南

棋盘谷精品酒店，位于河南新密市伏羲山景区内，八千年的中原文化沉淀了它自然与文化资源。本案四周青山环绕，松柏叠翠，诸山来朝，势若星拱。场所内谷峪清幽，成为休养生息的理想场所。而伏羲文化一阴一阳，互根互助，相互转化。四季养生中春夏属阳，秋冬属阴，正如伏羲文化的"以平为期"。

今天，中国亚健康人群超过九亿，压力排名居世界第一。面对恶化的环境和强大的压力所带来的身心疲惫，亲近自然成了心里的休憩。

养生之道，古已有之："医身为下，养生为上。"——黄帝内经

结合茶道，瑜伽，SPA，中医理疗，休闲度假作为我们酒店主要休闲方式，追寻"养生之道"，打造伏羲山精品酒店品牌，并以此献给伏羲山带来均衡稳定的客流量，带动旅游附加产业的兴旺。

这里，我们没有刻意强调，也无需晦涩难解。只是怀着敬意，随意点染，追寻诗人的视线轨迹，通过一草一木，一桌一椅自然的生气，将观者带入诗人悠然自得的心境，寻找那一片心灵归栖。

这里，坐观四季的轮回，体察四季的更替，魂牵一世的芳尘，养生、养心、养性。客人从膳（餐饮）、行（接待）、宿（别墅）、享（SPA、茶室、书院）多方面来感受四季的美与养生体验。

生土窑洞——人居空间探索与规划方案

设计师：郭治辉、李双全、拓虹、于效雨、魏颖
设计单位：西安美术学院
建成地点：山西

　　地坑窑洞作为最古老最原始的生土建筑形式，有着上千年的历史。本设计方案通过对陕西地区窑洞的调研和深入分析，尤其是对地坑窑洞的分析研究，对古老生土建筑的追根溯源，对其历史发展轨迹以及优缺点进行全面了解，最终充分立足于理论基础之上进行规划保护和改造设计，旨在探索生土建筑纵向发展的新生和横向功能拓展的可能性。深入探索和挖掘生土建筑的本源，使其作为一种古朴的人居文化以原生的姿态得以可持续的传承发展下去，重获新生。

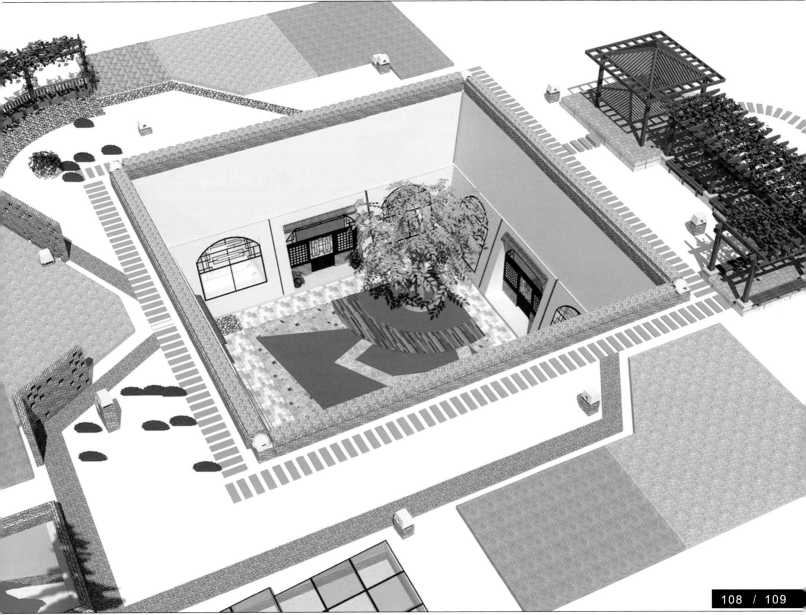

地坑院改造 NEW 做法

设计师：王晓华
设计单位：西安美术学院环艺系
建成地点：山西

地坑式窑洞院落是我国黄土高原一种古老的居住形式，它冬暖夏凉，有利于人体健康，有极好的居住价值，而且它因地制宜，建筑成本低，具备蓄热节能，不产生建筑垃圾之优点，是极具潜力的生态性建筑。然而，传统的地坑院落存在着窑脸塌方走形，采光严重不足不均，室内空气流通性差等致命弱点，加之许多地区用水困难，因而成为贫穷落后的象征。故此，本方案试图以高技夯土、阳光输送器、无动力新风机，以及承接雨水的膜结构大漏斗等技术手段从根本上予以克服，使其具备现代居住条件和审美需要。具体方法为：

一、将易产生水汽的厨房设在院落的南面，并改造为覆土式建筑，使其 顶部成为一种别致的休闲亭台，也以此改变了传统地坑院落呆板的空间形态和不合理的入口方式，更重要的是为整个院落增加了日照时间和光照面积。在此基础上，院中央设计成一座覆斗式的蔬菜玻璃温室，其倾斜面有利于将光线转投到围绕四周的窑洞室内。

二、地坑式窑院一般分布在干旱或半干旱的黄土高原地区，地下水位极低，好多地方百姓将收集的地表雨水和积雪存入地下渗井作为生活用水。他们为此祖祖辈辈付出了惨重的健康代价。所以，本方案在长方形的玻璃房顶，套装了膜结构的大漏斗，可以将平时的雨水接入地下蓄水井干净卫生地储备起来。

三、高技夯土是目前国外生土专家借鉴混凝土浇筑技术发展起来的、一种最为成熟的生土建造技术，它采用了颗粒大小、质地不同的混合土，从根本上克

服了单一土体结构容易遇水解体之弊端，并可产生质地高雅的外观效果。本方案根据地坑窑院自然衰败之规律，以高技夯土为主，局部结合清水混凝土工艺对传统地坑院进行彻底改造，做到在不失原生土建筑蓄热保温性能的基础上，美观坚固，安全可靠，并实现其现代居住环境所需的各项功能。

四、阳光输送器是国外在覆土建筑开始使用的最新节能和清洁光源，它无需任何人工能源，通过光导管道直接将户外自然光线送入室内的设备，本方案在每孔窑洞的顶部均设置了阳光接收器以解决传统生土窑洞采光不足和不均之顽疾，并采用无动力新风机以改善室内空气质量。

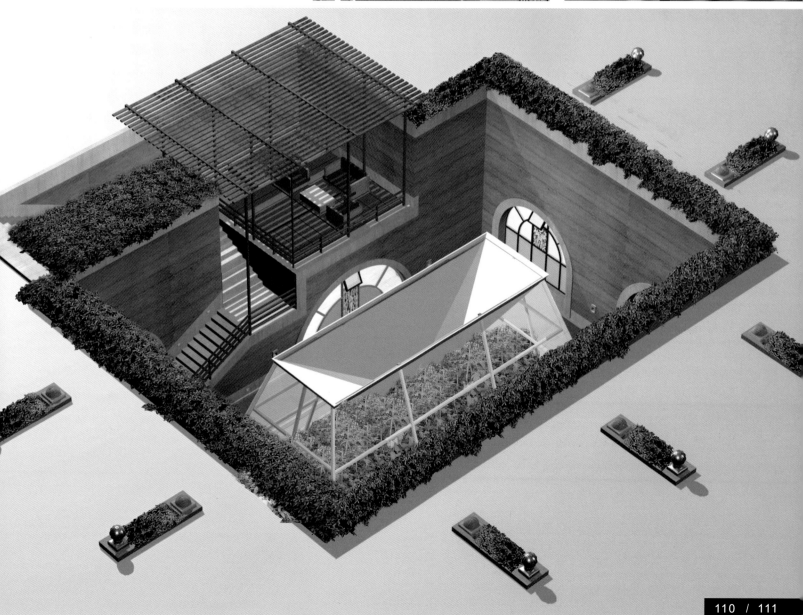

异构空间——浙商大厦售楼中心

设计师：刘学文、苑达奇
设计单位：东北师范大学
建成地点：浙江

　　我们对空间的认识是源于人类视觉的本能，简而化之，是在一个大的空间内占有或是封闭成一个小的空间，犹如具有一定体积的"盒子"。通过经验与实验，我们可以发现这个"盒子"在观察角度及光线等因素的作用下，可以感觉空间的异样。本作品通过对空间的视觉异构，创造出具有现代视角的建筑，以突出售楼空间在建筑群中的个性，让观者充分感受人与空间和谐共生的感受。

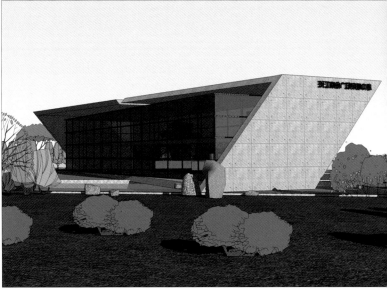

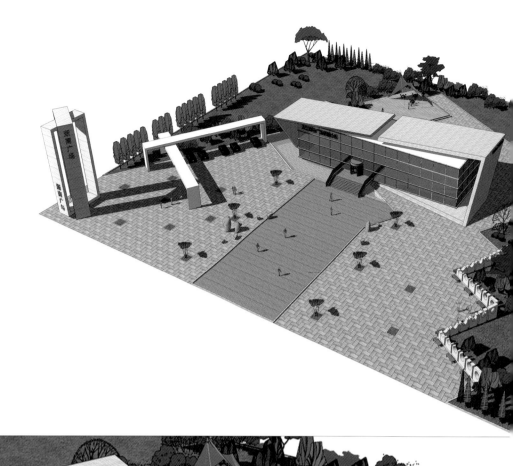

海南陵水三正半山酒店项目

设计师：徐婕媛、谢云权、刘文静
设计单位：广州集美组室内设计工程有限公司
建成地点：海南

　　酒店的室内设计延续建筑的理念，抛开传统度假酒店的设计模式，以超现代的设计与东方传统美学结合，形成一个独特的抽象艺术作品。

　　设计的元素结合海南海洋文化，从游者瑰丽起航到绮霞回航的流线，体现酒店独特的空间主题及鲜明个性，给予旅客深刻的空间体会及美好印象。

　　酒店内海的元素有如潮水般流畅，自由灵动的游走在整个空间，与建筑及大自然融为一体，营造出格调高雅、时尚有品位的白金五星酒店。

材料实验——基于秸秆材料的空间建构

设计师：成果
设计单位：南京艺术学院设计学院

PM2.5——一个重要的环境空气质量指标，自 2012 年 2 月国家开始发布后进入人们的视野。一场突如其来的雾霾天气笼罩了整个南京城及周边大小城市，令南京城"灰头土脸"、迷雾重重，于是，公众开始关注 PM2.5 的数值是如何影响人类健康的。造成此次重度污染的元凶真是"秸秆焚烧"。

秸秆作为农作物收割后的残余物，中国的产量尤为丰富。时至今日，焚烧秸秆仍然是最常见的处理方式，虽然对它的研究早已开展，但由于可操作性不佳止步于技术而收效甚微。可今天看来，它已变成了亟待解决的大问题。

学术界对秸秆的价值早有定论，尤其作为生态建材，拥有诸多优势，同时作为替代性材料可以减少木材的消耗。草砖、秸秆人造板、秸秆复合材料等多种类型配合不同的设计和工艺，可以达到常规材料难以满足的需求。例如当中空的秸秆草砖作为墙体填充时，能起到很好的保温隔热效果；零甲醛的定向秸秆板应用于家具、室内建筑时，更表现出生态环保的特质。

然而，当代中国对秸秆材料在设计领域的研究甚为缺乏，限制了秸秆产品和秸秆建筑在社会中的推广和发展。此次设计者从材料入手，以三个设计实验的方式感受材料质感，研究基于材料的建造方式，探索生

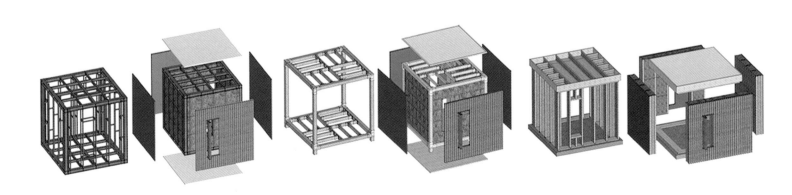

态的秸秆材料在家具和空间设计中的表达潜能。

　　三个设计实验的主题分别为坐具、墙体、秸秆屋，勾画出建筑内部环境设计的三个方面，即家具、界面和空间，实验过程层层推进。希望通过选用环保材料，低碳经济的建造过程，融合环保家具、生态空间的建构，从而营造出低碳的室内生活环境。

深圳当代艺术博物馆设计

设计师：王雨欣
设计单位：深圳大学艺术设计学院
建成地点：广东

深圳当代艺术博物馆（MOCA SHENZHEN）的整个建筑由白色的几何体错位设计组合而成，将建筑与风景自然融合。建筑玻璃幕墙由多层半透明玻璃构成，玻璃对光线进行了折射。白天，这些幕墙能够完美地将自然光线引进室内，在夜色降临之时，整个建筑显得分外通透。该建筑共2层，占地约1800m²，一楼设有大厅、纪念商店、露天与室内展厅、多功能厅；二楼设有咖啡厅、展厅、并伴有户外阳台，将湖光美景尽收眼底。参观者进入馆内时，体会到的是光线、艺术、空间和风景之间的流动，视角也将从外到内，在楼层之间平稳变换。

复窑——窑中之窑，穴中之穴

设计师：李进
设计单位：中央美术学院
建成地点：山西

通过窑洞分段挖掘划分出起居和睡眠两个区域，营造"洞穴"在新时代下的独特美感。保留居民乐于上炕的传统习惯，采用"电热炕板"技术替代传统火炕，炕体下部可做储物空间。起居区休闲炕来源自黄土高原叠加意象，结合书桌造型提供灵活坐卧的可能性。

窑脸上部窗格及隔断采用树形剪纸式样处理，加强窑洞的自然和生态感受。起居区墙顶处理来自传统黄土刮槽手法，立面上切割出"风水"意象图案，丰富墙面肌理及光影效果。

窑壁隐藏式漫反射照明烘托窑洞独特氛围，使窑洞顶部更加整体饱满。室内对地面及墙面进行适当仿古砖铺设，利于防潮同时易于清洁。

《孔·隙》陕北体验式生土窑洞旅店设计

设计师：孙贝
设计单位：中央美术学院
建成地点：陕西

    人类自原始社会便衍生出了穴居的栖居方式，陕北黄土高原的窑洞即保存了人类这种相对原始的生活状态。在当今各个地方日益趋同的环境下，窑洞这种地方特有的大地艺术应当被保护 - 更新 - 再生。

    本设计定位为一个以"孔、隙"为主题的陕北的生土体验式旅店。由于现存陕北窑洞所存在的阴暗，潮湿等问题，因此，在窑洞与窑洞之间增加可以呼吸的洞即天井院，使生土窑洞具有了新的活力与生命。天井院与各个窑洞皆有联通，使空间富于变化，同时窑洞不再阴暗。

自然博物馆

设计师：沈媛媛
设计单位：中央美术学院
建成地点：辽宁

　　自然博物馆的设计从有机的角度出发，从自然界及其多种多样生物形式与过程的生命力中汲取营养，强调自由流畅的曲线造型和富有表现力的形式，强调美与和谐，设计灵感来源于莲花，尝试多种可能的方式，希望参观的人可以获得心旷神怡的感受。内部展示空间主要分为序厅，"峭石幽洞"景象展示，"奇峰峻岭"景象展示，"林盛花繁"景象展示，"释道同源"景象展示和一个环幕影院。

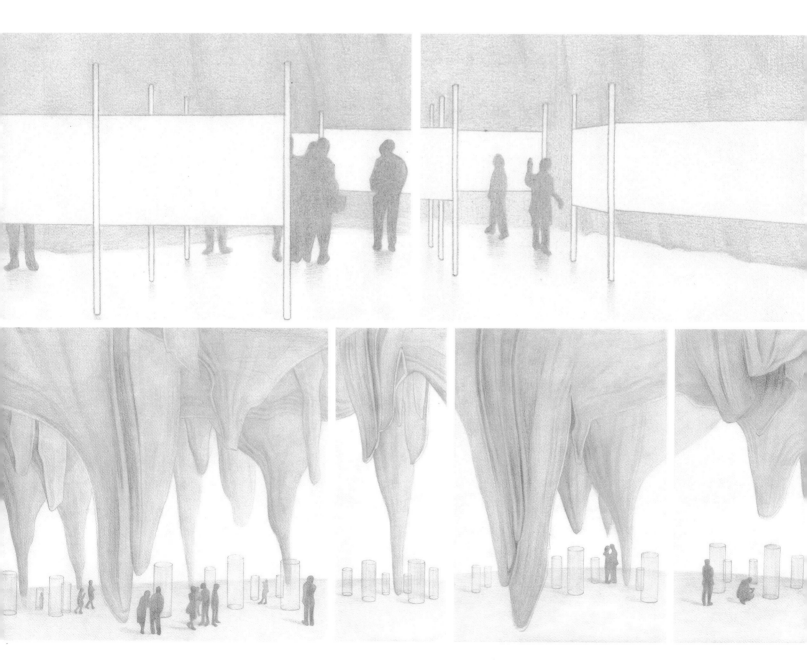

劲霸男装品牌服饰店概念设计

设计师：罗田
设计单位：东北师范大学美术学院

空间设计来源于劲霸男装的设计理念，劲霸男装服装风格成熟稳重，时尚感十足，线条硬朗，所以空间以硬朗的直线构成。空间整体设计过程运用中国传统图样及传统文化作为空间设计元素来源。空间颜色的选择灵感来自中国水墨，简洁酷感十足的黑白色搭配纯木颜色。时尚与自然地交融，现代与传统的结合。用自然界中的元素去演绎现代前卫的购物氛围，极具视觉冲击力的线条与灯光为体验者塑造一个不同于以往购物空间的新体验。通过对蜂巢结构的提取，抽象，使贯穿空间的木材质筒柱将完整的母空间围合出子空间，围而不合的空间设计使空间与商品，商品与体验者产生一种对话给体验者设下心理暗示，升华着关于自然与

未知空间的故事。基于前卫性的空间设计构想，在材质的搭配上也追求简约不繁琐的设计理念，将可塑性木材磨光处理，配合顶棚与地面的天然理石，给体验者带来感官上的强烈刺激。为诉说大自然元素的材质语言蒙上一层更赋现代前卫意义的色彩。

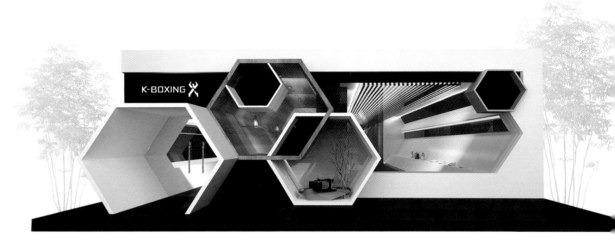

迪拜世博会主题馆概念设计

设计师：桂琦
设计单位：中央美术学院
建成地点：迪拜酋长国

设计的目的：2020迪拜世博会主题馆概念设计的概念源于对展示作为一种媒介发展可能性的分析与展望，将展示演变为一种发现解决问题的手段。

展示的媒介性：当今社会信息传递过程中的媒介正朝向多媒介与媒介融合方向发展，信息传递方式的变化也改变了当下的社会。展示作为传递信息的媒介的一类，应该会有新的身份与定位，通过与多媒介的融合与交互，形成以展示媒介为主导的多媒介信息传递网，将信息有机化，而使得受众能更好地接受信息甚至融入信息的生成与传播过程。

世博会的启示：本概念设计的出发点是通过展示的手段在不同文化语言背景的人群间创造可以交流的话题。以此产生出人群接触沟通的可能性。将展示作为一种手段，展现出展示设计不同的着眼点，从利用空间传递信息发展成信息的诱发体，在多媒介的背景中诱发引导信息的产生与传播，自然引发信息的生命力，使其能在多媒介形成的融合媒介网中得以生长与延伸，受众也更自然的接受，最终达到展示信息有效传播的目的。

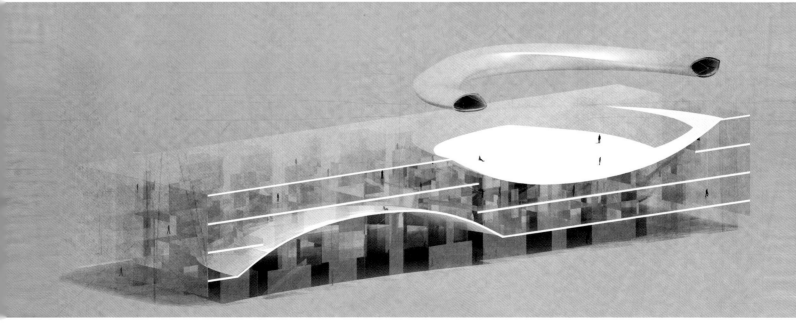

寸纸寸金——纸资源公益博物馆

设计师：高媛
设计单位：中央美术学院

城市中公益性博物馆的存在是对公益活动最有力的宣传手段，花费了大量的人力和物力，但是否能够实现它的公益性呢？

展示的本质是信息的传递。在信息互联网如此发达的时代，想要分享知识和信息已经十分便捷了。那么，什么才能吸引人们走出家门，来到博物馆获得信息呢？如果观众真的来了，那在展示方式上，是否能通过一种互动让观众产生再次参与的愿望呢？

简单的文字和图片陈列的展示方式显然并不能达到深入人心的感染力了。加上现今城市中存在的公益性博物馆大多形式单一，内容枯燥，形态上既没有让人赏心悦目的观赏性，展示内容上也没有引起人兴趣的

参与性，公益性博物馆的公益性变为一种口号，并不能很好的实现它的社会价值。

在建筑外观的形式语言上，笔者认为公益性博物馆不应该仅仅是一个展馆，也应该是一个城市景观，甚至能够成为代表城市形象的符号或者区域性标志性建筑。

在内部的展示方式上，应该通过一种互动计观众产生希望再次参与的愿望。理想状态是这种互动能给人留下回味，能够吸引参观者离开展馆之后可能会多次回来再次参与。另一方面，移动互联网已经普及，在这方面的运用是一个亮点，也是可以跟观众产生长久的关系的新方式。

方案是将开放式展馆和城市景观相结合，同时提高了博物馆的知名度和参与度，更好的实现展馆建立最本质的目的：宣传性和公益性，在整体设计上引入"开放广场式新型公益博物馆"概念，打破传统博物馆的庄重感和距离感，营造一种轻松亲近的开放广场的场域，形成一个公园中的下沉广场，同时形成阶梯状的室内空间。室外空间加室内空间共同形成整个博物馆的展区。室外空间的概念也绝不仅仅是为了室外而室外，同时它也是展示内容和展线的重要组成部分。毕竟展示形式是为展示内容服务的。

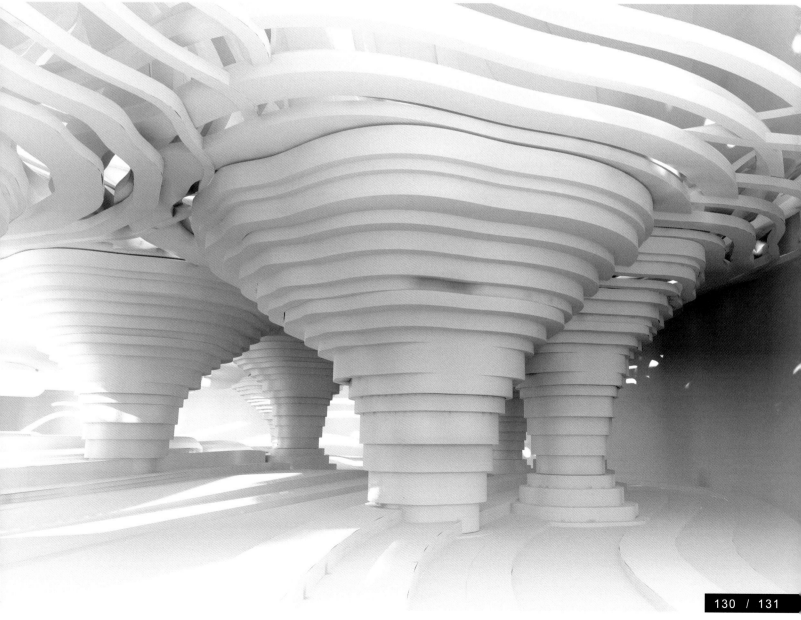

2015 年米兰世博会中国国家馆方案设计

设计师：宋剑
设计单位：中央美术学院
建成地点：意大利

　　此作品为 2015 年米兰世博会中国国家馆提供了一个切实的解决方案。"对话"是中国馆的主题。"对话"2015 年米兰世博会中国馆概念设计是中国当代关于能源、食品、环境的一个隐喻表达，通过空间语汇对当代中国的现状进行的描述。通过空间的矛盾与复杂的对话，呈现出对当下社会思考的态度。随着发展，在环境问题与矛盾越来越多的情况下，中国馆将在一个空间与空间、空间与事件、空间与环境，空间与主题中产生一个对话，将它们其中的种种矛盾呈现给受众，并且表达出正面积极的国家形象。通过事件直接转化为空间的方法，把世博会场馆的复杂性清晰表达出来。使得中国馆对世界发出了声音，表达了美丽中国的美好愿望。

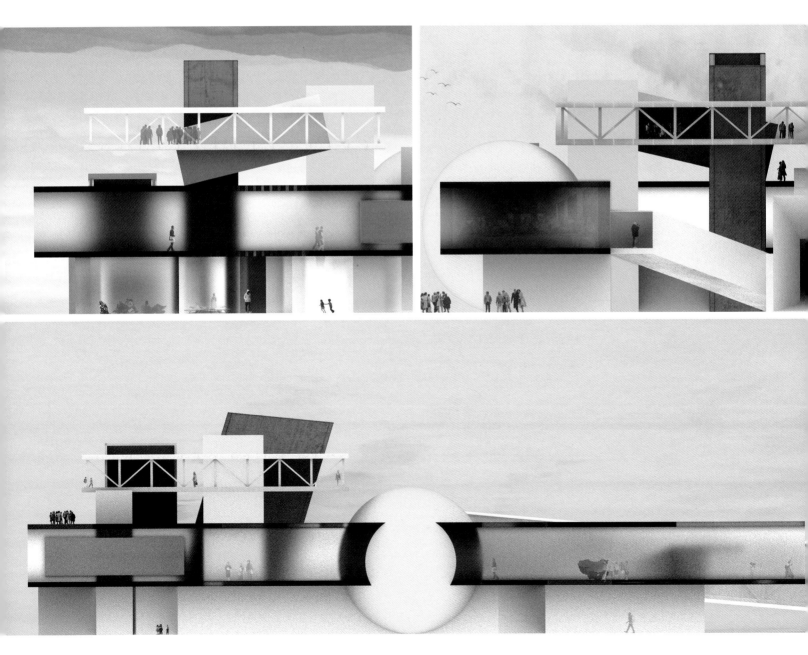

寻觅中的湖湘记忆——湖湘人文博物馆概念方案设计

设计师：曾煜
设计单位：中央美术学院
建成地点：长沙

　　将空间作为记忆的载体，用情境化的语言来表达空间，空间会在情境化的作用下再现记忆，并营造出个体与集体的情境体验，记忆也将通过情境化的空间来唤醒人们深层的记忆认同。

　　项目选址在长沙岳麓山的中轴线上，是考虑到湖湘人文圣地的地缘性优势。湖湘情节是存在于作者的个体家乡记忆，更体现在所有湘人的集体记忆中。借用博物馆的空间形态来表达记忆中的湖湘人文精神，其目的是尝试用空间来典藏记忆，用情境来营造精神。

　　外部建筑空间创作中，以岳麓山为背景，在寻觅中形成了文脉、人杰、事件三条"客观"主线，空间将在交织的路径中形成情境化的空间格局，在凝结的记忆碎片中生成建筑的空间形态。

　　内部展示空间设计中，以寻觅为主线，以湖湘文脉、湖湘人杰、湖湘事件为内容，在寻湘问道中了解湖湘学派；在尘封的碎片中感知湖湘的面孔；在凝结的记忆中感悟湖湘的精神。

　　空间将在情境化的语境中传达出湖湘的人文精神。

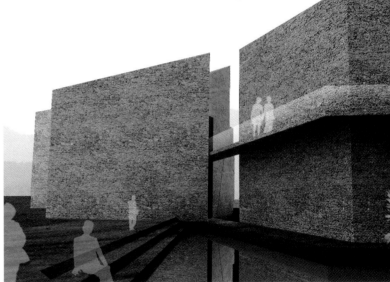

青岛市规划展览馆

设计师：胡国梁、李鹏、祖慰、张磊等
设计公司：上海华凯展览展示有限公司
建成地点：山东

　　走入序厅空间，首先映入眼帘的是一尊精致的雕塑。雕塑运用蓝色玻璃钢材质，整体造型犹如三支水箭缠绕盘旋直冲云霄，生动地诠释出青岛三城齐发新格局的磅礴之势。

　　走入生态之城展区，恍若置身城市之林，青岛生态建设的累累硕果在球形 LED 屏幕上动态流转。胶州湾核心生态区的未来风貌相信会让观者驻足赞叹。

建筑空间改变想象

设计师：刘治龙、张宇峰、李琼音
设计单位：东北师范大学美术学院

　　当今的人类就如到了数字化变革时代，传统的陈列式商业场所已不能满足人们日益增长的生活需求。后城镇化商业体 SHOW 是结合城市发展的便民建筑。它扎根在城市中，以一个个 10m×10m 的简单方体构成。人们在盒子的外部选择各自需要的商品，置身盒子内部会呈现出配合商品特点的空间展示。SHOW 是基于未来的一次关于商业场所可行性研究的空间讨论，它打破了以往空间给人的视觉上的限制，激发灵感，引人深思。它不是空间，不是场所，更不是内容，而是一次思想上的畅然体验。

北京谷泉会议中心

设计师：周海新
设计单位：广州集美组室内设计工程有限公司
建成地点：北京

　　本设计强调的是一种空间的感染力，通过造型、质材、光线等，使空间意化成一种抽象载体，是山是水或是一种东方遐想。客房以传统折扇形式为床背景造型，选用两种布艺镶嵌在一起，形成一种独特的视觉效果和肌理感受，自然意象中透露出丝丝清韵。

景观部分 / 竣工
LANDSCAPE SECTION/AS-CONSTRUCTED

绿色海绵营造水适应城市：群力雨洪公园

设计师：俞孔坚
设计单位：北京大学建筑与景观设计学院
建成地点：哈尔滨

　　该项目占地 34.2hm²，原为一块被保护的区域湿地。受周边道路建设和高密度城市发展的影响，湿地面临着严重威胁。最初委托方只要求设计师能想办法维护湿地的存在，设计师改变了为保护而保护的单一目标，而是从解决城市问题出发，利用城市雨洪，将公园转化为城市雨洪公园，从而为城市提供了多重生态系统服务，它可以收集、净化和储存雨水，经湿地净化后的雨水补充地下水含水层。由于在生态和生物条件上的改进，该雨洪公园不仅成了城市中一个很受欢迎的城市游戏绿地，并从省级湿地公园晋升为国家级城市湿地。

结合的公园服务建筑

"中华恐龙园"库克苏克区方案

设计师：岑起东、宋辉
设计单位：深圳市圭派景观设计有限公司
建成地点：江苏

　　常州恐龙园是国内唯一以恐龙为主题的公园，迄今已有十年历史。
此次库克苏克峡谷区的新建扩展，设计的主要目的就在于通过此区的主
题提升，打造一个更地道的恐龙主题公园。

天津美术学院新校区景观改造工程

设计师：刘鸿明
设计单位：天津华汇建筑景观室内设计有限公司
建成地点：天津

　　本规划除尊重规划的一般原则，如：可持续发展原则，知识性、文化性原则，创造性原则，借鉴性原则外，更重要的是将城市竞争的新法则引入校园设计之中，建构认识校园规划的更高境界。

　　天津美术学院新院区占地34826m²，新院区的建设大体延用了原天津职业大学（老校区）建筑格局，在原校区的基础上进行了重新改造与设计；设计师以尊重、利用、优化现状条件为设计基础，运用现代、简约、直白的设计手法；对空间环境进行了重新组合与拓展，力求营造出具有浓郁现代艺术气息和美院传统特色的新院区，同时赋予老建筑新的生命与意义。

　　景观铺装与景观家具采用废旧枕木与混凝土、条石等，不仅成本低廉简单易行，同时也加强了景观免保养性。

　　在植物配置上考虑季节互补性，从整体上把握原校园现状的生态优势，进行适当改造和引导，形成一个功能合理、景观优美的新的生态构架，原有地形地貌尽可能保持，减少土方量；原有构筑物进行修复与改造；原有植物，尤其是大树，尽可能保留并养护好，避免施工时的伤害，通过以上设计手法尽可能地让新院区景观体现出老韵味。

　　校园建设中所创造的人工景观与保留、改造的自然景观相呼应、协调，形成完整的大景观构架，即追求天人合一的景观境界。

基于 POE 的南亭村公共空间可持续设计

设计师：陈鸿雁 冯峰 仰民（深化指导）吴卫光
设计单位：广州美术学院
建成地点：广东

参与团队人员：陈鸿雁、仰民、冯绍忱、伍清华、詹皇寿、梁晓剑、欧敏华、苏挚邦、叶博文、叶其醒、陈志家、任榕、甘小英、王先玲、吴惠南、杨晨、黄建强、杨杰清、易春宝、雷远庆、杨政、游启正、王德亮、王红军、冯敏华、娄力维、曹鹤等，以及南亭村的部分村民。

该项目从研究开始至优化建造活动，共历时三年。项目是对广州南亭村公共空间进行的一次使用状况评价研究，在研究的基础上，利用本地材料和技术，鼓励民众参与，进行可持续性的建造活动。主要涉及以下关键点：

1.POE 是 Post-occupancy Evaluation 的缩写，译为"使用状况评价"。

2. 对南亭村进行全面的使用状况评价（POE），与使用者进行多渠道的沟通。

3. 利用本地材料和废弃物品，进行公共空间的低碳设计与建造。

4. 运用地域技术结合民间智慧，激活公共空间，设计低碳公共家具，适合居民的使用。

5. 在整个过程，鼓励使用者的多种方式参与，其参与的方式和深度有：意见参与、评价参与、建造参与、材料参与、试用参与、维护参与到管理参与等。

6. 在整个过程，使用者的身份也发生变化：材料和技术的支持者，建造者，试用者，维护者、空间的管理者。

更重要是，通过该项目，教会使用者的环保意识和创造能力，营造设计师和使用者的可持续性合作模式。

返璞归真——生土窑洞村民活动中心设计

设计师：丁圆
设计单位：中央美术学院
建成地点：陕西

根据第四届全国环境艺术设计大会 "为农民而设计"的主旨和创建生态社会的国家战略要求，继续贯彻执行设计为公众服务、设计让生活更美好的公益设计意图，深入细化生土窑洞设计。

作为原生态生土窑洞设计的延续，在第四届全国环境艺术设计大会论坛会场设计（临时性公众集会场地设计）的基础上，利用部分废弃窑院和空置的场地，为柏社村村民提供参与公共文化生活的场所。改善原有生土窑洞建筑日照、采光、通风，以及空间尺度、相互联系的缺陷，充分发挥窑洞建筑节省资源、适应性强的空间优势，使得窑洞建筑得以承继和发展。

更重要的是，通过该项目，教会使用者的环保意识和创造能力，营造设计师和使用者的可持续性合作模式。

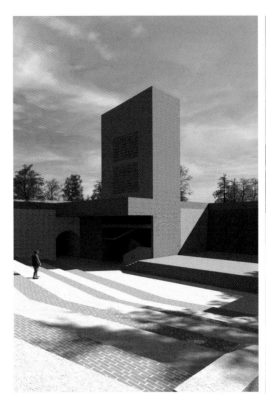

缙云国际旅游温泉度假区

设计师：杨洋、冉洪游、贾冰、陈熙浩、叶惠平、王岩、李楠、王修权
设计单位：重庆尚源建筑景观设计有限公司
建成地点：重庆

在重庆被评选为世界温泉之都的背景下，重庆亦在着重打造北碚十里温泉城。本案属于十里温泉城重点项目，规划总占地约 666666.7m²，总投资 30 亿元人民币。一期由五星级温泉度假酒店及其配套构成；二期由佛禅超五星酒店、心景顶级院落汤墅构成。

项目以 "心净" "褪尽浮华、洗尽尘埃" 为设计理念。通过 "减" 的设计手法，将繁杂的思绪融入简约的空间，营造出精致、宁静、休闲、禅意的空间氛围。现代的材质和制作工艺，创造出充满巴渝文化氛围的空间；最大程度的山体的原生形态维护，将自然与人完美融合；无论是场地最顶端的无边水景还是藏于林中的幽静汤池；都呈现出低调、内敛的雅致氛围。

"来了，就放下一切。在这里，天地只属于你，在这里，每个人都能把自己丢进旁若无人的清净世界。" 尚源设计师如是说。当尚源的设计团队第一次踏上缙云山脉这片土地的时候，就被这里打动。完美的山体形态，茂密的林地，清澈的河流，那些能满足我们各种各样美好想象的风景一一呈现。我们希望通过我们的设计，将这种融入自然的享受视觉简单化，效果最大化，直入内心，以期彰显出骨子里的纯粹。

褪去都市的尘嚣，回归自然。心，静如水，柔情温婉。池，明如镜，碧水蓝天。茂密的丛林，掩映出人在自然中的亲近与安宁；成片的绿竹，

倒映在水池中，尽显娇羞与生动；落地的灯箱，简约而美好。一花、一草、一树、一景，都在诉说着自己的故事。奔走于都市大街小巷的你，疲于繁忙的工作，倦于拥堵的马路，你在极力寻求内心那份难得的宁静。一本书、一壶茶，落地窗外，一面池水，一幅画……没有了都市的嘈杂，心归于自然，驻于宁静。心静时，你如诗般美好，你可曾知？

六盘水明湖湿地公园

设计师：俞孔坚、闫斌、单美娜、黄刚、栾博、黄刚、郑军彦、陈琳、凡新、安建飞、游宏凯、曹业奇、邓彰、杨烨、李悦、拜真
设计单位：北京土人城市规划设计有限公司
建成地点：贵州

六盘水市位于贵州省西部云贵高原腹地，水城河发源于钟山区窑上，流经市区，潜入三岔河，城区段绵延 13 公里，是水城盆地内地表水排泄的唯一通道。1966 年，六盘水地区工业建设指挥部建立，大规模的城市工业化建设拉开了帷幕；1975 年，水城河治理工程动工，1980 年整治竣工。至此，悠悠蜿蜒的河被打造成了笔直的河道。随着城市化发展进程的不断加快，渠化的驳岸使河道的洪涝调蓄与生态自净能力遗失殆尽，水环境不断恶化。垃圾堆砌与污水排放，将昔日的母亲河变得满目疮痍。我院从宏观与微观尺度系统性梳理水城河及流域，力图全面恢复水城河生态、休闲、社会效益。

宏观上从流域与城市尺度进行规划。首先，恢复流域的雨洪调蓄与净化功能，将沿河径流、鱼塘、低洼地作为湿地纳入整个雨洪调蓄与净化系统，缓解城市内涝，回补河道景观用水，形成分级雨洪净化湿地；而后，恢复河道的自然驳岸，恢复河道生态状况与自净能力，重现河道的生命力。再后，将城市休闲游憩与河道生态环境的建设相结合，建立连续的慢行网络，并改造断面形式，创造更多的亲水空间；最后，将滨河土地开发与河道整治相结合，以河道景观为契机引导城市内部更新，提升土地价值，增强城市活力，促进滨河景观与城市宜居环境协同发展。

微观上依据总体规划的定位对具体河段进行设计。位于河道上游的一期工程由硬质河道的生态改造与明湖湿地公园两个部分组成，合计 31.2hm²。

河道充分利用滨河有限的 15~20m 绿带空间及陡坎高差，建立滨河梯级景观带，实现河岸的生态化改造。湿地公园的设计中，结合场地高程及鱼塘肌理，构建梯级湿地系统，调蓄与净化山区流出的溪流。同时，为彰显城市作为西南地区重要的煤炭钢铁工业基地的"钢城"文化，建设了蜿蜒卧浮于湿地之上的"钢化飞虹"步行景观桥。此外，设计倡导野草之美与低碳景观，大量应用了低维护成本的乡土植被，野花烂漫，水草繁茂，珠联璧合。漫步其间，人们仿若又回到了昔日蜿蜒流淌的母亲河畔，它即将承载重建人与自然和谐相处的时代文明继续前行。

哈尔滨文化中心湿地公园

设计师：俞孔坚、韩晓烨、林国雄、杨学宾等
设计单位：北京土人城市规划设计有限公司
建成地点：哈尔滨

　　哈尔滨是中国东北地区的重要城市之一，地处松花江下游，洪泛时有发生。当地的沿河防洪堤墙已有 500 年历史，生生将 200hm² 湿地与主河道切离隔断。由于水源被截断，湿地生境不断恶化。与此同时，湿地以北的城市建设迅速发展，造成严重的雨洪泛滥，受污染的雨水排入河道，导致水质下降。除此之外，新建的自来水厂向松花江排放了1500m³ 的污染废水。凡此种种，给当时居民的生活带来许多令人头痛的问题。同时，随着人口急剧扩大和城市进一步发展，人们对公共绿地的渴求也越来越突出。

　　最初的设想是将这片湿地从隔离状态改造为雨洪及废水净化区，以改善原生的湿地生境。但后续研究过程中却出现了棘手的问题：景观设计师发现，旱季和雨季地下水位差竟高达 2m，因此只能放弃将公共空间与弹性湿地景观相结合的想法。此外，如此大面积的公共空间也将难以管理，因为用不了多久，修复后的原生植被将变得杂乱丛生，市民也将不可能一年四季都来这里赏玩游览。设计的目标在于构建水弹性湿地公园，使之成为生态基础设施的有机组成部分，并用于净化雨洪和自来水厂排放的废弃尾水。在这一过程中，废水将使湿地生境重现生机。此外，景观设计师认为，有限的设计干预措施是实现项目目标的最佳手段，能够将湿地改造成为市民可以前往游玩的公共空间。

建成的适应性水弹性公园里，利用最小限度的干预措施修建了木板道和休憩场所，满足了休闲娱乐的需求。在公共空间放牧牲口，可以带来食物生产和低维护需求的双重好处。这种远古时代就有的景观策略既维护了大型自然公园的整洁，又使市民无需出城就能亲近自然。

山西省怀仁县怀仁塔

设计师：赵慧、杨自强
设计单位：太原理工大学艺术学院设计艺术研究中心
建成地点：山西

　　山西朔州市怀仁县怀仁塔地处怀仁县高速路口，怀仁县是一个文化大县，此项目是怀仁发展文化旅游建设的子项目，本案由一个覆钵式白塔加一个藏式庙构成，并设计为水院形式。塔高58m，直径18m；塔院为60m乘60m，采用中轴对称方式串列布局，前庙后塔。

　　此次设计采用较为现代的建筑语言，对一些传统建筑设计元素进行了简化处理，并采用通体白色石材干挂，整体建筑清白庄重，禅意十足，设计语言简洁，是一个现代感十足的宗教建筑设计案例。

　　夜景照明经过专业的色温、照度、光能分布设计，并定制Philips进口灯具对塔体进行精确照明，通体呈瓷白色，夜景效果比白天更胜一筹。

"湖畔人家"艺术场景

设计师：龙国跃、赵宇、王睿
设计单位：四川美术学院
建成地点：重庆

　　"湖畔人家"艺术场景项目占地约 26666.7m²，规划及景观设计理念为：运用艺术手段表现文化景观，再现乡土与传统的艺术场景，打造集自然景观与历史文化为一体的新长寿湖特色景点，形成旅游特色产品。

　　整体风格采用川东传统乡土风格，体现长寿湖地区丰富的文化内容和深厚的历史底蕴。场地内存有清康熙年间兴建的"东海寺"遗址，康熙时代建设庙宇的功德石碑六块，残碑两段，姿态雄健的百年黄桷树一棵，各个时期的屋基数个和石砌房屋一座，以及"韩湘子吹箫降狮龙"的神话传说等等，具有丰富的历史文化价值和内涵。设计和建设过程中对其给予了极大的重视和保护。"东海寺"的修缮恢复尽量做到修旧如旧，以旧修旧，恢复建筑原有格局，对

残损严重的墙面用传统工艺更换重做，重新铺设室内地面，恢复对联和牌匾。为保护庙门前六块康熙石碑，设计制作 6m 高乡土风格的碑亭，凸显东海寺的雄重。

　　对场地内原有的 1333.3m² 鱼塘进行清淤整理，扩大面积，新增小型荷花池，围绕鱼塘设置川东乡土风格的水榭平台和廊架，利用自然地形制作川东传统乡土长廊，形成景观回路。作为生活劳动场面的再现，设置钓鱼老翁雕塑和长寿晒鱼女雕塑，表现长寿湖畔当年工作劳动的场景和人们悠然自得的生活意趣。利用场地高差，在保留原始地貌的前提下，架设七拱石桥，开辟树屋休息广场，并利用长寿当地盛产的自然青石垒砌自然水溪，增加景观的流动性、

趣味性和观赏性。在东海寺右前侧设置评书台、观景小亭、景观廊架等乡土气息的景观小品，形成趣味空间；连续拱门和石砌景观带将牌坊阵列与下入口小广场相接，形成对景。百年古树下垒砌乡土艺术堡坎，配以青石打制的龟寿石碑。景观绿地中放置雕塑"农夫耕田"、"韩湘子吹箫"，按照原样恢复残破的石屋，在保存完好的屋基上设置休息平台，放置雕花石栏杆，这些不胜枚举的乡土景观措施，使整个场景内容丰富，视觉饱满，底蕴深厚，让游客充分感受到历史文化的魅力和洒脱质朴的乡土乐趣。

北京亚澜湾别墅改造及庭院景观设计

设计师：丁圆　成旺蛰　曹晓飞
设计单位：北京鸿略中立文化交流有限公司
建成地点：北京

1. 通过大块面，大体量，简洁线条的层次感来体现业主的个性化特征。

2. 根据本建筑周边景观的独特性，南面坐拥私密开敞湖面，水平平行线条重复使用来加强静态的气场氛围，同时大面积的落地窗使整建筑内部拥有更加开阔的视野。

3. 建筑内部空间重新组合，结合景观设计，使建筑与室外环境形成一体，互相交流，提供更加人性及舒适的生活方式。

4. 庭院核心理念为"套园"及院中有园，园中有园的设计概念，在1000平方米的庭院里分别构筑了"补园、石园和层园"特色空间，考虑到公共与私密的家庭活动，空间上通过景墙、早园竹和景墙格栅围合，营造了一组开放，半开放到私密的空间序列。

5. 庭院的亲水平台，亲水栈道，多空间层园，丰富的水边植物和庭院照明共同组织构筑了舒适、趣味又个性的家庭庭院。

景 观 部 分 / 概 念
LANDSCAPE SECTION/CONCEPT

购物公园景观概念设计

设计师：范鑫
设计公司：鲁迅美术学院

　　根的形态和生长方式有其独有的特点。例如：线条造型的错落交织。网孔形式的聚散有序，概念动态趋势上具有同向性、放射性、无序性等动作趋势特征。用根的动态趋势来组织根的形态造型，使得作品既具有根系形态的造型美，又有其动态趋势的律动美。

　　根系被抽象成形态各异的曲线。经过无数次的组合，笔者找到了最接近完美的组合方式，并以此绘制出主体建筑的草图。

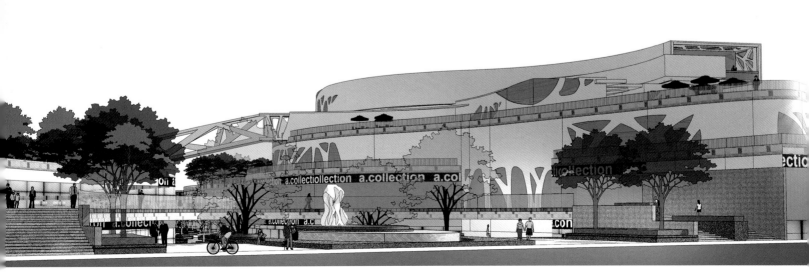

西安纺织城艺术区建筑景观设计

设计师：冯昆、黄逸聪、吴迎迎、杨雨晴、徐竞静
设计单位：西安美术学院
建成地点：西安

　　设计把建筑与景观有机整合，相互共生，按不同使用属性将建筑分为创意中心，摄影艺术中心，雕塑艺术中心与设计艺术品加工店等，风格各异但总体保持统一，设计中融入个性与新元素，几何与自然手法有序运用，主次分明，个性张扬且印象深刻。中心主体建筑的红色互动特色景观通道的连接设计也使原本单调的空间变得丰富起来，体现了"艺术来源于生活，回归于生活"的设计理念。

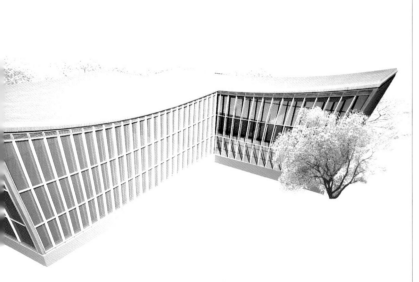

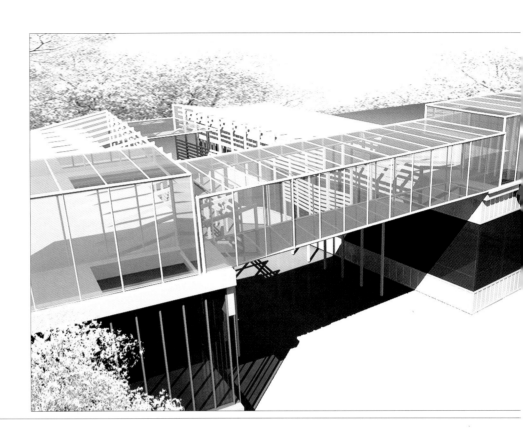

沈阳北站改造方案

设计师：朱磊
设计单位：鲁迅美术学院
建成地点：辽宁

　　沈阳北站是东北地区最大的铁路客运站、中国第五大铁路交通枢纽之一，因而沈阳北站被称为"东北第一站"。为配合被誉为"东北第一高速铁路"的哈大铁路客运专线建设，沈阳北站启动了有史以来最大规模的改造工程。火车站表皮设计灵感来源于火车奔驰的力量与动感，建筑表面造型为双走向式，从而提供良好的视野和壮丽的外表。夜幕初至，它摇身变为一座巨大的雕塑，倾泻的灯光如丝带飘舞，绚丽浪漫！它将重塑沈阳的新形象，创造出一片休闲娱乐的城市新天地，此车站将会成为城市的新地标！

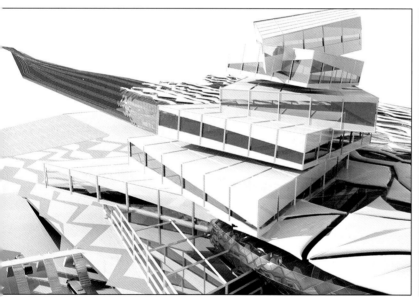

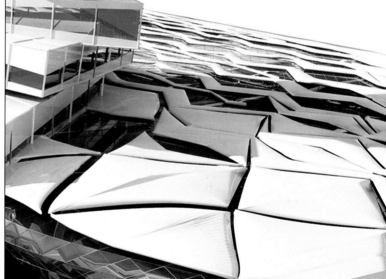

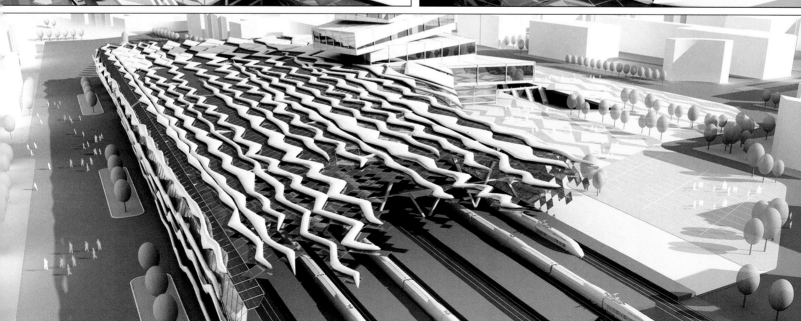

北京市宋庄画家村改造设计

设计师：张启泉
设计单位：深圳大学艺术设计学院
建成地点：北京

　　本设计方案主要探讨一种新型的艺术原创聚集基地模式，以
"SOHO 式艺术聚落" 和 "LOFT 生活方式"为蓝本，对小堡进行规
划和创造新的良性文化创意模式。通过新添公共建筑完善小堡内部功
能，包括（艺术中心、青年旅舍、创意市集、创意书吧、艺术广场、
停车场以及各种公共设施。）让小堡展现出艺术的魅力。小堡主要以
四合院群落建筑为主，采用对传统四合院的切割，重组为设计手法。
通过网格系统置换原有的破损建筑，恢复原有的建筑院落形态的完整。
再结合概念曲面形成丰富的行走空间，同时将大尺度的展示空间嵌入
院落之中，构成集艺术创作及展示交流的复合建筑业态。

南通唐闸 1895 工业以及复兴规划项目景观设计方案（油脂厂地块）

设计师：苏丹、于立晗、魏晓东
设计单位：清华大学美术学院、北京工业大学、北京航空航天大学
建成地点：南通

"南通·1895"项目规划以保护历史文化，改善民生的同时创建中国乃至世界传统手工业战略产、学、研及推广传播中心为目的，进而促进南通整体社会，经济，文化，环境可持续协调发展。

方案将创意产业及配套服务城市区域以开放的网格流线与周边城市相融合，区域之间及区域内部根据现有场地空间及建筑环境进行了保护利用、修缮、改建及新建设计，使场地空间形成完整的轴线关系及空间节奏。方案形成了广场、街巷、公共展厅、庭院等室外空间类型，对现有厂房、办公、仓库等室内空间根据创意产业的功能需求进行了重新定位，并新建了部分特色建筑，形成特色创意工坊、展厅、办公、休闲会所等室内空间。

景观设计着眼于对场地民族工业历史文化与当代创意产业相结合，将场地与建筑围合界面进行语言梳理，创造性格鲜明的工业创意文化景观，满足当代创意文化活动的空间要求的同时反映场地深厚的历史文化。

城市中的峡谷

设计师：郭秋月、宿一宁
设计单位：东北师范大学

在未来城市的发展中，绿色、自然才是人们生活品质的体现和追求，占着主导地位的商业区也将不再是简单的人们购物的空间，它应该是一个休闲、放松的场所，应该成为人们生活的一部分，应该和公园一样能够让人们放松、享受自然。所以新型的商业区应该是城市中一块新的绿地、一个新的景观区、一个自然的细胞体、一个在高层建筑中滋长起来的绿意盎然的城市峡谷。

自然流动的山体建筑体现着建筑的曲线美，成为城市中一道舞动的风景；

1. 梯田式的下沉空间成为纵向变化的空间，是人们休闲、体验自然的场所；

2. 丰富的景观植物呈现纵向的景观形态。绿色将成为建筑给人的第一视觉感受，也是建筑最终要追求的精神品质。植物从屋顶一直延续生长到每一层的景观平台，以至于到地下的庭院，建筑成为一个天然的绿色的氧吧和自然冷却的森林。

3. 静静流淌的溪流。雨水顺着阶梯流淌到底部的溪流，成为可循环利用的生态水系。

4. 神秘的光线。它滋养着峡谷中的每一个绿色的生命，也给建筑和生活在这里的人以生命的光。

所有这一切成就了一个绿色、生态的天然峡谷，一个自然景观购物公园。

石情——SCREAM 城市雕塑公园规划设计

设计师：张倩 、王玉龙、 田林
设计单位：四川美术学院

　　室外雕塑应该是人观赏的对象，传统雕塑往往强调雕塑对人在精神美感上的提升作用，但是我们需要用另一种方式来强调雕塑的公共性，即在雕塑周围活动的人，他们的生理与心理活动都构成雕塑作品有机的、不可或缺的一部分。

　　传统的室外雕塑通常是以一种静止不动的摆设作为人们欣赏的对象，在人们心理上留下美的印象。但是，打破传统的审美意义，在公共雕塑的选择和创作方面应最大程度的了解受众在不同活动下的心理变化——功能性活动、准功能性活动、自发活动、社会性活动，人在从事这些活动时的心理状态和思考出发点是截然不同的。本方案设计力争打造的是一

种"人在雕塑中走，将石头'软化'"的一种环境效果。

　　本方案设计将打破固有的既定思维，将雕塑很好地融入人们所在的环境中，即人们在园区内所走的每一步是对雕塑的进一步理解和探析，同时，也是一种参与和互动。园区内的雕塑实际上是以一种静态的方式与人进行的一种互动，它们的存在就是一种活力和生机的象征，雕塑不仅仅是只可远观不可触碰的物象，它们更是人们生活以及生存不可缺少的伙伴。

重庆中国当代书法艺术生态园

设计师：潘召南、刘更、赵宇、李俭、张琦、徐正、韩晴、李乐婷、赵梅思
设计单位：四川美术学院
建成地点：四川

　　该项目由中国书法家协会、重庆市委宣传部、重庆市文联、九龙坡区政府联手打造，是落实十七届六中全会"推动社会主义文化大发展大繁荣；弘扬中华文化，建设中华民族共有精神家园；推进文化创新，增强文化发展活力，以此加快我国的文化软实力建设"精神的要求，提升重庆城市文化建设的又一重要举措。旨在促进重庆城市自然与人文生态环境建设，改善城市文化品质，提升市民文化素质，增强重庆城市影响力，展现重庆城市魅力和文化底蕴。

　　书法为传统国粹传承至今，已经成为中华文化中最为重要的组成部分，面对当代与未来的中华文化发展和世界文化多元共存，具有不可替代的作用。中国当代书法艺术生态园正是在这样的定义前提下，力图为重庆打造一座融自然生态与文化生态为一体的全新概念的公共绿色文化场所。它将在传统书法艺术的基因上萌发出适宜当代社会文化需求的、具有高水平审美和教育意义的、内容与形式丰富并具创新理念的书法与自然生态环境交相辉映的大地艺术作品。引入园内的书法艺术作品不仅陈列在展馆，在园区的建筑、景观、绿化、雕塑、道路、池塘等都有创新性的表现。

我乐园室内外游乐场规划与设计

设计师：李博男、肖宏宇
设计单位：吉林省宏坤景观工程有限公司
建成地点：吉林省通化

　　随着科技发展的日趋成熟，建立智能商业空间的时代日趋渐进，人们的物质文化需求与精神文化需求提高，市民城市归属意识增强，城市商业建筑综合体地域形象是城市文化的表象之一，其内部空间环境景观质量的提高，也具有很重要的意义。本方案意在探求一种新的设计理念与设计方法，即：如何有机地从单体向复合化转变；如何艺术性地把多样的空间有效地组织利用，创造出特色的商业综合体室内外空间环境，使之与商业活动互相促进、协调发展。城市商业建筑综合体景观设计的优良体现将会是一个城市的经济发展程度、地域文化特色的代表。设计以城市的历史文化为背景，以城市的经济发展为基础，以城市的人民精神面貌为形象特征，结合商业建筑综合体的多项功能，并融入城市独有的文化特点，使得商业建筑功能与景观环境相互融合，相互协调，共同创造和谐的、创新的商业建筑综合体景观环境。

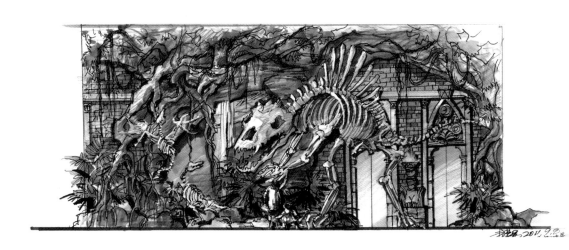

世界·视界

设计师：屈伸、刘威、李炎、贺森、续峰、李放
设计单位：西安美术学院

由编织原理转译到空间组合在一小块编织布中，很多根线相互交错，这些线是通过纤维的旋转、扭织成形的，这样的形态不但有助于线的形成，还使成形后的线更加强韧。当编织布的形态完整、边沿整齐时，四根线围合而成的空间是正四边形，但正四边形稳定性不强，编织布在某些方向受力时，围合空间会被拉伸为三角形、异形四边形空间，从而达到空间稳定状态；在一些主要功能空间，由于自身属性需要扩大范围时，由于疆界的弹性有限，小空间或附属空间将贡献自己的资源保持整体网络的形态稳定和主次平衡。这两点空间组合的转译思想，贯穿了整个园区廊道网络的布置和适应性演变。

太空金属做成的全反射球体，是设计主题"世界·视界"的重要载体，其寓意与功能分别对应这两个词汇。"世界"是为人们在心理层面上营造非凡空间的意向，使人们进入到园中，产生脱俗空间的心里意向，更容易将人们引导入感性世界，进入意识感受和基于空间的冥想状态。"视界"则代表了球体带来的功能性：巨大的球体飘浮在空中，其反射效果类似照相机的广角镜头一般，使得人站在地面上也能"俯瞰"园区；此外，三个球体所标识的位置也是园区功能的重点位置，有着极强的导向作用。其在视觉上的无限延展性带来的奇特的视觉体验，能够作为创意产业的爆发点深入人心；夜间巨大的球体在空中隐形，偶尔的自发光所带来的奇特体验也是无与伦比的。

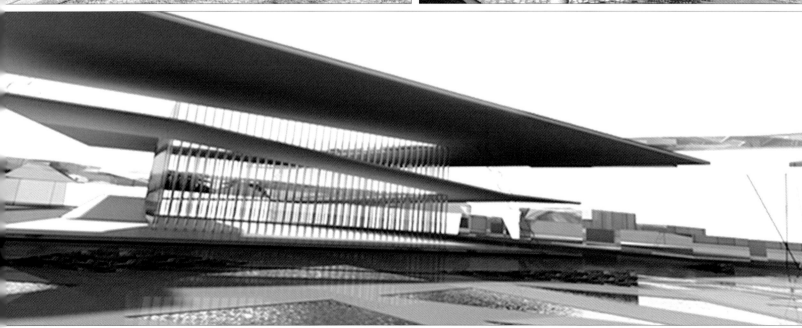

土生土长新农村主义

设计师：施济光 冯丹阳
设计单位：鲁迅美术学院
建成地点：辽宁

　　针对当前中国新农村建设过程中的城市化和程式化倾向，在辽宁新宾满族自治县的农村改造工程中，结合当地的地方民族特色、当地农民的生产生活模式及时代发展的需求，进行的全新规划、建筑及景观设计。

舟山游乐广场设计方案

设计师：尹航、姜民、李科
设计公司：鲁迅美术学院

　　穿梭在欢乐世界，时间在不同时空的身份转换中不知不觉地流过，在绿野仙踪的世界里重温了童年的感觉，坐落在其对面的海盗船则会让游客们过足了疯狂的瘾。主题为"环游加勒比"的景观区是一个充满疯狂与刺激的互动游乐区，各种意想不到随时都有可能在这里发生。乘坐在海盗船中犹如在茫茫大海，乘风破浪，既惊险又刺激，极大地满足游客的猎奇心理。

　　"海底世界"景区让游客们和大海融成一体。主题墙面上各种有趣的鱼类仿佛触手可及，栩栩如生；精美绝伦的海底造景，会让人感到与海洋之间从未有过的亲近，得到前所未有的新奇感觉，会惊讶大自然是如此的丰富多彩。

"漫步"江滨景观规划设计

设计师：李慧春
设计单位：广西艺术学院
建成地点：广西

　　越来越高速发展、快节奏的今天，我们更应该放慢步伐，赶时间往往让人错过很多美好的风景，如今压力过大导致许多问题产生。本设计提倡一种慢节奏的生活理念。江滨广场景观设计再满足防洪护堤的同时，希望能为周边市民提供一处放慢脚步，感受生活的游憩景观场所。设计通过进行场地的调查，以及对周边环境的分析，以人为本，融入地方特色，真正实现市民喜闻乐见的，面向未来的景观大看台、生活大舞台。

设计原则：

1. 城市生态可持续发展原则

2. 以人为本原则

3. 地方特色性原则

4. 经济性原则

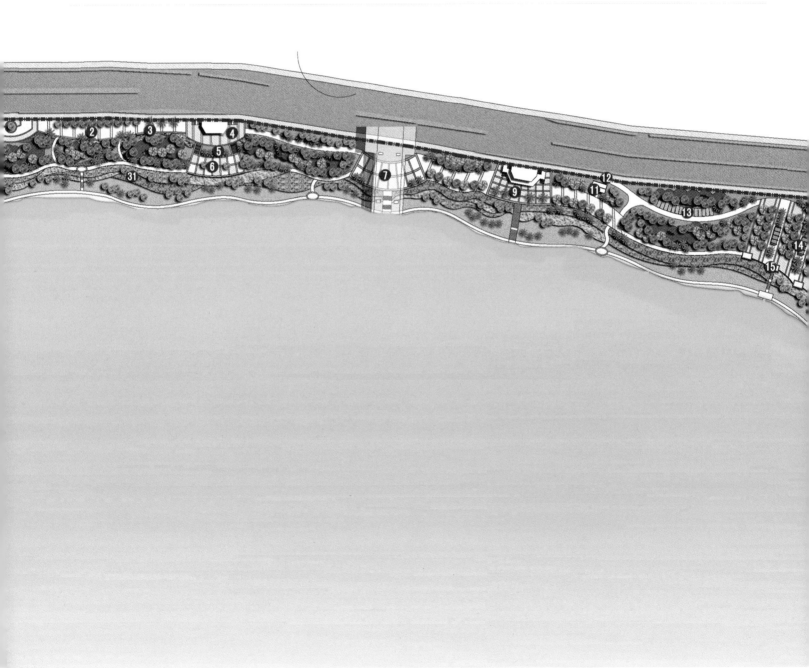

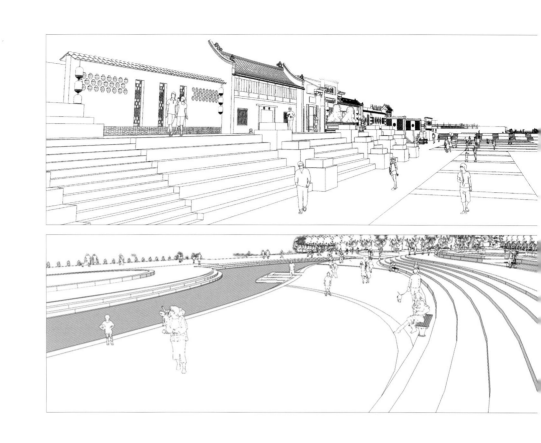

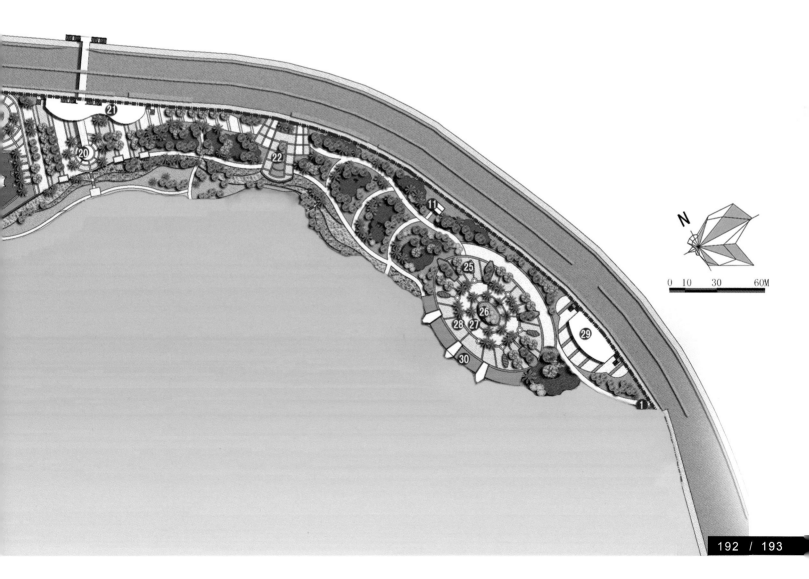

生产！景观公社

设计师：吴尤、毛晨悦、柳超强、刘晗
设计单位：清华大学美术学院 / 北京大学景观与建筑学院 / 北京大学城市与环境学院
建成地点：北京

北京城市正以前所未有的速度扩张，如此的不顾后果地高强度开发给北京周边，特别是西北部浅山区地带带来巨大生态威胁。同时，这些地区原有的经济模式也被逐一打破，随之而来的是以房地产、旅游和工业加工为主导的开发模式。

本方案的选区位于北京西北部浅山区地带，隶属苏家坨镇行政区。选区深入诠释了城市边缘的概念，其对城市生态系统建设具有重要意义。方案策略主要分为生态和经济两个方面。

从生态方面：1. 生产性景观——农田景观存在的主要问题是作物景观元素的水平分布日趋单一化，在本地区还存在着高耗水的作物。通过调整作物与增加养殖模式，使单纯的农业生产变成综合的旅游服务设施。2. 绿色建筑与生态社区—— 对生态最小干预，社区采用聚合式布局，共享开放空间，引入中水系统和屋顶花园。此外，配合林地和动物保护的生态中心还具有科普作用。3. 水循环系统——改善对于自然降水和地下水的利用，结合中水系统，形成生态湿地、生产性景观和生态社区一体化的水循环系统。

从经济方面：1. 以采摘和垂钓为主要活动的休闲式旅游项目配合以都市农场类的项目，为生产性景观带来更高经济附加值，带动当地旅游开发。2. 动物保育和生态中心，丰富科普旅游项目。3. 生态猎场丰富经济模式，增加专项旅游。

关注老人，勿"关住"老人——上海新世纪养老院外环境设计

设计师：严丽娜
设计单位：华东师范大学设计学院

我国从 1999 年进入老龄化社会，而上海从 1979 年就率先成为我国首座人口老龄化城市，养老院也随之兴建。但我们在为老人提供完善的基础设施与丰富的老年活动的同时，是否关注到大部分养老院户外活动空间的缺乏？不难发现，如今的养老院已经形成了一种"圈养"老人的模式，限制了老人的户外公共生活；圈住了老人本来就孤寂的内心。养老院围墙"圈养"的模式已经成为如今我国老年设施建设的普遍问题。我们在关注老人的同时，无形中"关住"了老人原本就比较孤寂的心！

"圈养模式"的根源就在于养老院边界环境设计的处理上。本设计试想改善养老院原有的"圈养"环境，从养老院边界设计入手，打破原有的围墙模式，敲开院墙把老人从"圈养"中解救出来，还给老人原本该有的老年户外生活。本设计建立在对养老院区域环境的分析之上，养老院所处的旧工业地带决定了设计所要解决的环境问题、交通问题，以及老人对外环境的特殊需求。设计从以人为本的角度出发，力求为老人创造出舒适优美，具有活力的户外活动空间。拆除围墙、打通视域、引入水域、利用场地原有资源，将原有死气沉沉的围墙边界变为院内外的活力互动地带。院墙的打破，已经不仅仅在于养老院外环境形式的突破，更是人们对城市和谐生活的内心所向。我想，养老院的边界并非老年生活的结束，而是更精彩生活的延续与新生！

阿拉丁主题乐园

设计师：胡航、吴茂雨、冉江雪、田健男
设计单位：重庆小鲨鱼景观设计有限公司

在复原波斯城堡建筑中，我们以神秘的中东文化为主题，以伊斯兰建筑为主要表现形式，以局部复原再现历史场景和风俗习惯方式，有机融合中东风情，波斯特色，策划设计包含文化休闲、生态休闲、游乐休闲三大体系的综合游览体验地域。

多功能空间的融合，从中东城堡的特征，以及文化当中提取精髓，将不同功能空间放在一个场景中，让游人在同一游乐场中获得各种不同的体验空间，游乐场内部千变万化，为游人提供各种方式的游乐体验内容。

阿拉丁游乐园突破了单一游乐设施的传统方式，这里所有的游乐设施都是有变通性、代表性。真实还原中东风情，让游客有异域风情的愉悦体验。

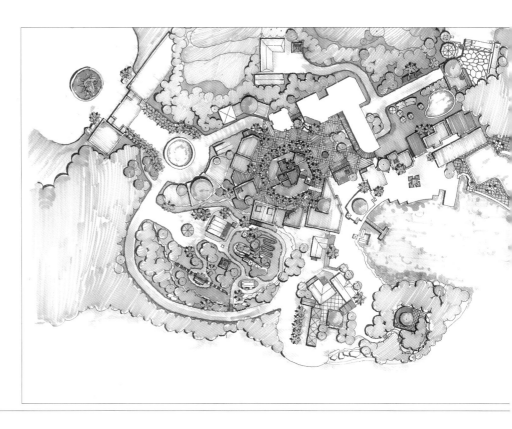

拓荒者——生态建筑机器

设计师：邢斐
设计单位：东北师范大学美术学院环艺专业

　　拓荒者——生态建筑机器，基于普世价值观之上，对中国西部广大荒芜地带进行设计，在建筑中通过对绿色能源和材料的应用，旨在开拓西北，创造新的人居环境，稀释东部地区人口密度。进而在戈壁地带发挥防沙固土，植树造林的作用，并提供新的经济效益。造福于恶劣环境中生存的人们，这就是拓荒者生态建筑机器的意义所在。

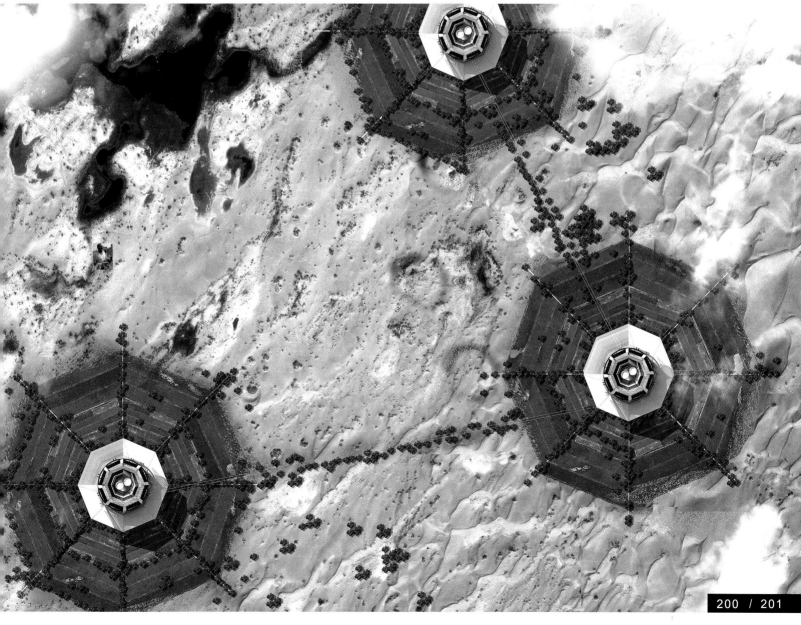

北京宋庄酒吧步行街设计

设计师：刘吉佳
设计单位：深圳大学艺术设计学院
建成地点：北京

　　本设计（建筑部分）通过切角，堆积，整合，最终生成具有新型建筑五要素：自由平面、自由立面、水平长窗、底层架空柱、屋顶花园的建筑体，体现地域文化与现代相结合的设计理念。

　　（景观部分）则处处考虑建筑的形态，体现具有现代元素又有生活趣味的设计。

雕塑瞬间

设计师：郑秉东
设计单位：中央美术学院城市设计学院
建成地点：重庆

项目从生态，社会，文化三个方面寻求解决城市问题的可能性，以一个基于地形的景观系统弥合断裂的城市结构，修复破碎的生态环境。

1. 生态策略：重塑自然连接——反自然的水利工程割裂了城市发展的脉络，城区被江水一分为二，两岸天然的连接体永远沉没江底。项目在两岸之间构筑起一座基于地形的景观基础设施，通过水流研究模拟万州特有的岩溶地貌，雕刻出大地岩溶的瞬间，以自然的连接弥合了人类工程对城市的割裂。恢复水岸生态——三峡蓄水后，大面积消落区域和工程护坡造成荒芜的水岸带，长江水质因城市雨水径流而受到严重污染，每年30m水位落差使江岸亲水性丧失。通过重新构建一条动态的水岸绿廊，实现了雨水径流的自然过滤，并将工程护坡转变成了生态多样的公共活动场所和开放的城市亲水空间。

2. 社会策略：寻找遗失的公共性——万州是三峡移民规模最大的城市，25万人口被迫迁移。社会关系的重组需要更多的公共交流和城市公共空间。通过建立区域步行系统，扩展城市开放空间，连接公众活动，创造城市观景廊道，为这座遗失的移民城市寻找新的公共领域。激活城市公共空间——项目构建起一个承载公众活动的公共景观体系，激活城市公共空间，促进移民的交流与融合。并通过城市步行系统联通周边社区，使公众生活从城市到水边自由渗透。

3.文化策略：再现城市积淀——三峡工程蓄水后，万州古城区全部被水淹没，城市历史尘封江底。景观模拟自然地质的沉积，在不同的岩层记录不同年代的城市记忆，再现了这座滨江古城的历史积淀。讲述城市故事——通过营造文化遗产廊道，设置城市纪念性的文化景观，具有了更多的教育意义和文化职能，随着水位的消落，在不同的时间向到访者讲述不同的故事。

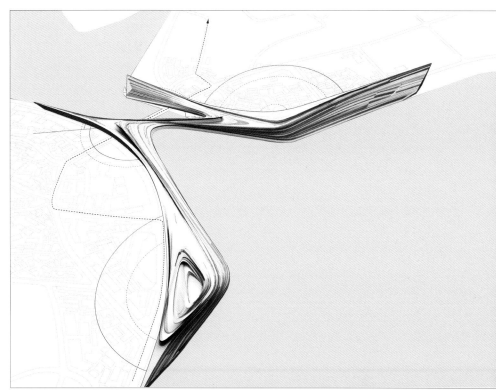

城市文化中心综合体验概念设计

设计师：张日林
设计单位：鲁迅美术学院

　　该综合体的设计重在对公共区域及私人开放区域的设计，注重灰空间的设计与表达，在景观、业态、建筑、功能等融合的一个更开放的环境增强与自然的交流。建筑连接体增强了空间水平与垂直方向的流动性。丰富的景观植物呈现纵向的景观形态，绿色将成为建筑给人的第一视觉感受，这也是建筑最终要追求的精神品质。植物从屋顶一直延续生长到每一层的景观平台，最终到地下的庭院，将建筑打造成为一个天然的绿色氧吧和自然冷却的森林。

"沙漠之花"休闲度假体验中心

设计师：赵佳
设计单位：鲁迅美术学院
建成地点：

    以仙人掌花为元素的花瓣结构是极具特色的尝试，建筑分3层，异形结构使建筑内的光影充满了韵律感与节奏感。笔者将沙丘的流动曲线转变成建筑的主要形态。在这里，有功能设施齐全的五星级酒店服务，有为探险者准备的休息驿站，有为探险者准备的特种车租赁服务，有沙漠特有的动植物展示园区，有沙漠文化的介绍，试图让旅游者拥有独特的沙漠体验。

中国煤炭博物馆——海天露天矿

设计师：牟小萌
设计单位：鲁迅美术学院

　　本案为中国煤炭博物馆景观环境规划设计。在设计上体现露天矿的建筑特色，利用屋顶景观设计和地下景观设计使之可以达成行走于建筑之上，流连建筑之间的状态。建筑与周围景观融为一体，使之成为一大块煤炭的形式，并且利用煤炭熊熊燃烧之大红颜色去渲染整体规划的特色。

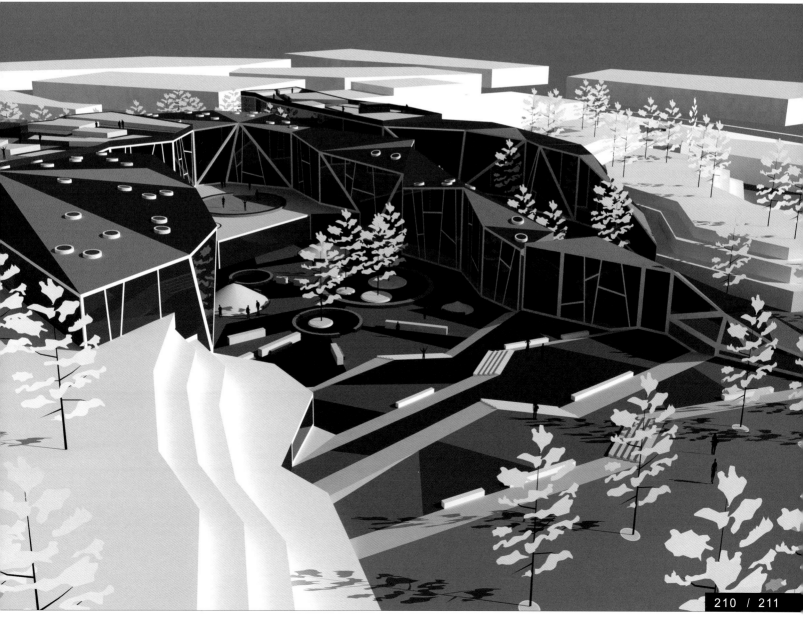

家 具 部 分
FURNITURE SECTION

转译与生成——沙发系列设计

设计师：许光辉、陈玉婷
设计单位：苏州大学 新疆农业大学

本系列沙发设计灵感来自于包装水果的泡沫外套及中国竹编。秩序的网洞及轻盈的白色，给人一种清新的感觉。整体流畅的造型及其表面结构的肌理力图使作品从不同的角度都能体现出一种自然与人工的结合之美。整体采用具有一定强度的合成泡沫制成，柔软的表面及合乎人体的流畅的曲线，使人坐上去非常的舒服。同时，表面的荧光材料使其在黑暗中发出柔和的光，每一个柔和的线条交织在一起显得更加轻盈、神秘，为生活平添一丝乐趣。

转译与生成——沙发系列设计

无围榻 · 围板宝座组合

设计师：苑金章
设计单位：北京市可名家具厂

这套组合家具的设计是基于现代人的生活理念和行为方式，在传统明式家具造型基础上进行了拓展。

无围榻在传统上是为临时休息用的卧具，而在此设计中将其进行了功能转换，在家具组合中作为茶几来使用。而围板宝座的设计是吸收了明式家具中弥勒榻的禅坐概念，使人既可垂足而坐，也可在其上盘腿打坐。整套家具供人在茗茶之余谈玄论道，体现出浓郁的文人家具特征。

设计主张顺应材料特性，不因造型因素而夸张用材规格，让材料化为部件后有舒适感。整体造型受了石瓢壶的影响，座面以下造型呈扣斗形，腿同牙板托泥的结合处做成适宜的圆弧。结构的部件之间通过力的转承接续，自然生成形体，既不造作也不敷衍。腿及牙板的起边线同托泥脚踏的起边线贯通交圈，考虑年久使用会把托泥的起边线踏平，故加宽到8mm。围板宝座的座面高度经反复推敲比例后提高到了460mm，增强了它的观赏性，框架内部空间圆融饱满，盈聚祥和之气。

几架系列－盆几－箱几

设计师：金叵罗
设计单位：北京市可名家具厂

这组家具系列是为现代人书房而设计的。两个同样形制的几架上各自放置一个小箱和鱼盆，箱内可置金石篆刻等文房用具，鱼盆可养金鱼水草，体现出典型的文人情趣。

几架框架略呈梯形，上小下大，并在每个边角的结合处内部做圆弧的细部处理，这样结合部位的转接含蓄顺畅自然，且遒劲有力。既保证了其结构强度，又使得框架纤细挺拔，既体现了我们对材料的珍重，又彰显了明式家具的神韵。

箱几上部的小箱具有收纳珍藏的功能，给人以静雅、富足等一些美好的想象。箱子的整体造型采用明式家具的传统造型语言，在结构上做了一些特殊的设计处理，置于框架之上也可将其理解成几面，这样上部仍然可放置装饰品展示，使其功能更加丰富。盆几的设计借鉴了明代屠隆《考槃馀事》中所述的琴台的意象，扁平的鱼盆架于框架上，虚实相生，再养上几条小金鱼，使室内顿发生机，妙趣横生。

复活（椅）Re-chair

设计师：赵石超
设计单位：中央美术学院

　　在城市化进程飞速发展和人民生活水平日益提高的当下，建设城市公共绿地维持城市人居环境的生态平衡，改善城市生态环境和人居环境的质量，提供自然空间以满足市民游憩、休闲生活等多方面的需要是我们城市设计的主要任务之一。拥堵的城市空间需要一块绿地来满足市民游憩、休闲生活等多方面的需求。本案大胆地将全部交通设施置于地表以下空间内，地面上完全绿化、步行化和景观化，人与车完全分离，城市功能在竖向空间进行科学配置，尽可能把太阳光和绿地留给人们，充分体现了"以人为本"的原则。

《空椅》系列

设计师：姚健
设计单位：中央美术学院

　　这个椅子系列作品 1 的设计是基于明式家具的架构模式，并在原有基础上进行了语言的转换，结构上试图体现戏剧性的冲突和变化，并最终达到和谐一致。它保持了传统家具内部空间的完整性，并最大限度地利用硬木的材质属性，同时也保留了传统文人的风骨和雅致。

　　作品 2 是在前者的基础上做了舒适度的调整，从细微处的处理来考虑椅子和人的接触方式，更加符合人体工学的要求，从而使家具与人的关系更为密切。并由此带来了形式语言的变化，使传统审美与现代生活自然地结合。令坐者追古溯今、澄怀观道。

太湖石书架

设计师：郭斌
设计单位：中央美术学院

中国的古典园林是世界历史文化长河中璀璨的一颗明珠，无论在东方还是在西方的园林与建筑史上，都占有着举足轻重的作用。

太湖石是中国古典园林中非常重要的一个角色，是大自然赋予的形态，经过千百年的风化，最终形成了千奇百怪的形态，玲珑剔透，瘦骨突兀，有的如人似物，有的又如飞禽似走兽，每块太湖石都各具特点。同时它被文人阶层所喜爱，并被赋予了深厚的文化内容。

中国古代文人对太湖石不仅有深刻的钟爱，而且对太湖石有全面的评鉴标准。米芾是宋代著名的书画家，他最早提出了评鉴太湖石的标准，即"透""漏""皱""瘦"，这是一个好的太湖石所应具有的特点。"透"即石头玲珑多空，彼此相通；"漏"即石上有眼有孔，有路可循；"皱"即石头的表面肌理有褶皱，起伏不平，凹凸有致；"瘦"即石头形体玲珑，轻巧，挺拔。宋代文学家苏东坡还提出"石文而丑"的赏石观，他认为的"丑"是石头有千姿百态的样子。李渔、郑板桥等文人墨客也对太湖石提出了类似的评鉴标准。

这款书架的灵感来源于中国古典园林中的太湖石。其主要突出的是太湖石的"透"与"漏"的特点，利用太湖石"洞"的虚空间，最大限度的实现书架的功能，并以书架形态的"瘦"体现太湖石的"瘦"；在书架放了书之后，书的层次表现出太湖石的"皱"，将太湖石的形态与书架的功能适当地结合起来，力求艺术性与功能的统一与协调。

结

设计师：翟畅
设计单位：设计不专业工作室

　　"结"是一个互动体验式的家具产品，其旨在于增加家具在使用中的随意性和互动性，本身一个条形的形态增加无限的可能性。

　　结有几个意思，一是完结，结果，大体指这件家具作品可以通过使用者的改造达到不同的形态结果；二是结绳记事，每个家具都与家庭生活有着密切的联系，作者希望在这个结的形态中可以记录下家庭的悲喜，真正的结下家庭生活中难忘的回忆；三是家居本身最终呈现的形态是结的样子。

　　当使用者一个人的时候，家具本身可以被打成一个"结"的形状，供一个人在上面趴着，躺着，坐着等等姿势。当两个使用者出现的时候，他们可以并排而坐。当三个人出现的时候，便可以将结打开像扭麻花似的将家具放置使

用。而当有更多人出现的时候，可以将沙发整个发开成条状，挨着坐下。并且当会议或者是游戏等特殊状态，可以将沙发两端连接成环状，这样可以减少参与者之间的距离，强调某种特殊的关系。

　　这个设计的灵感来源于条形的魔术气球。

　　气球是每个小孩子梦寐以求的玩具和礼物，一个能变出千百造型的魔术气球更是讨人欢喜，但气球有他的缺点，它终究只能存留很短的时间，因为材料的限制，它很容易就破碎了。

　　很多艺术家针对魔术气球有过很好的灵感，杰夫昆斯就是其中的一位。所谓设计中形态的模仿，并不只是单纯的外表与材料的模仿，精神上的相通或

许显得更为重要。

这款家具就是从使用方式上来达成对魔术气球的致意。

《结》这款家具使用粉色的氨纶材质做表层，柔软的感觉下带着莫名的跃动与欢喜。内装有聚苯乙烯颗粒，使得家具本身非常轻盈且容易搬运造型。聚苯乙烯颗粒本身具有流动性，这就使得当使用者坐在沙发上的时候，沙发会随着人的身体形态做出自我调节。

魔椅

设计师：朱慈超
设计单位：超设计工作室

在当下人们的生活空间日趋受压制的今天，寸土寸金已不是什么新鲜的词，设计如何节约空间？如何使有限的空间价值倍增是当代人所关注的问题。重识南宋·黄伯思《燕几图》中的适应性、可变性、可组合、可延展的智慧不失为一则妙策；那么把人们坐的、躺的、睡的融为一体形成一把"变态百出"的家具便不失为一件上乘之作。

当今生活的快速发展与变化是时代的主题，人们所有的行为活动中最主要的常态恰好是：坐、躺、睡。由此产生了这件或坐或躺，或半坐半躺，或一分坐二分躺似椅非椅的这把魔椅家具。魔椅的设计基本型通过分析不同状态下所需的人体工学研究曲线而得出，形成了这只可爱顽皮的小精灵；似乎

又是与人们共处相融时的抽象的剪影，也以此来回应当下沟通残缺的困境，它即是可共处的椅，又是可生长的椅子，二张并置便可面对交谈，数张并置便可变成连成一体形成沙发或躺椅。灵活多变，时离时合，衍生发展可适用于私人空间与公共空间多种场合。本案采用可回收、可再利用的环保材料——废旧瓦楞纸板作为基础材料，采用来自于民间传统自制的天然混合糨糊黏合，以环保纸管作为结构连接，所有制作材料均采用天然材料完成。

魔椅即模糊了界限也节约了空间。旨在用变化维系恒久，用多能衍生空间，用变化拓展领域。即体现出魔椅的经济性、灵活性，又体现出魔椅的舒适性和亲切感。

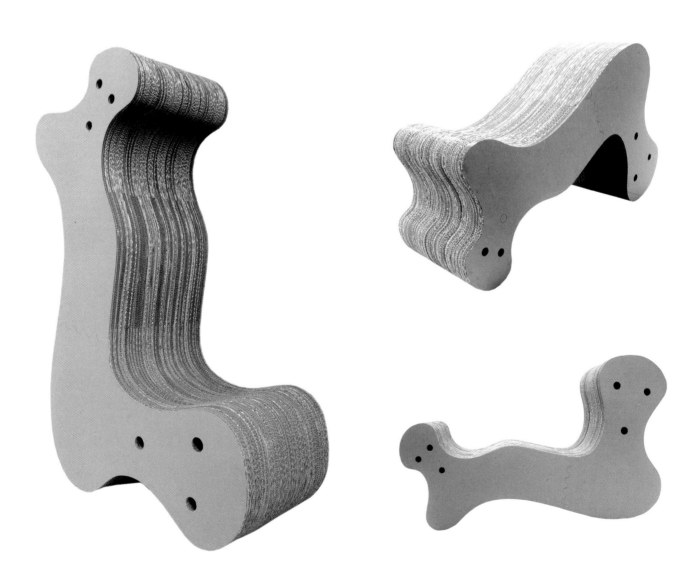

Tube

设计师：孔祥富
设计单位：沈阳航空航天大学设计艺术学院

作品采用传统的构造和现代的形式，以纸管为主材，通过相互锁紧
连接构成稳定整体，来探索传统智慧在现代设计中的应用。

2012-2013 重要学术文章
IMPORTANT ACADEMIC PAPERS 2012-2013

我们需要一种重新进入自然的哲学

王澍 《世界建筑》2012 年 05 期

把中国建筑的文化传统想象成和西方建筑文化传统完全不同的东西肯定是一种误解，在我看来，它们之间只是有一些细微的差别，但这种差别却可能是决定性的。尽管用"西方"、"中国"这样的概念进行比较有把问题简单化的危险，但在最基本的哲学问题上，确实有一些重要的不同。在西方，建筑一直享有面对自然的独立地位，但在中国的文化传统里，建筑在山水自然中只是一种不可忽略的次要之物，换句话说，在中国文化里，自然曾经远比建筑重要，建筑更像是一种人造的自然物，人们不断地向自然学习，使人的生活回复到某种非常接近自然的状态，一直是中国的人文理想，我称之为"自然之道"。这就决定了中国建筑在每一处自然地形中总是喜爱选择一种谦卑的姿态，整个建造体系关心的不是人间社会固定的永恒，而是追随自然的演变。这也可以说明为什么中国建筑一向自觉地选择自然材料，建造方式力图尽可能少地破坏自然。而在我特别喜爱的中国园林的建造中，这种思想发展到一种和自然之物心灵唱和的更复杂、更精致的哲学状态。园林不仅是对自然的模仿，更是人们以建筑的方式，通过对自然法则的学习，经过内心智性和诗意的转化，主动与自然积极对话的半人工半自然之物，在中国的园林里，城市、建筑、自然和诗歌、绘画形成了一种不可分隔、难以分类并密集混合的综合状态。而在西方建筑文化传统里，自然和建筑总以简明的方式区别开来，自然让人喜爱，但也总是意味着危险。费恩（Sverre Fehn）在接受一次访谈时也谈道：挪威人喜爱自然的方式是直接而简单的，在挪威的文化中，不存在面对自然的一种哲学（Made in Norway）。

我认为，今天这个世界，无论中国还是西方，都需要在世界观上进行批判和反省，否则，如果仅以现实为依据，我们对未来建筑学的发展只能抱悲观的看法。我相信，建筑学需要回复到一种自然演变的状态，我们已经经历了太多革命和突变了。无论中国还是西方，它们的建筑传统都曾经是生态的，而当今，超越意识形态，东西方之间最具普遍性的问题就是生态性的存在问题，建筑学需要重新向传统学习，不仅学习建筑的观念与建造，更要学习和提倡一种建立在以地方文化差异性认同为根基的生态的生活方式，这种生活的价值在中国被贬抑了一个世纪之久，而中国

的快速发展付出了过大的资源与环境代价。在我的视野中，未来的建筑学将以新的方式重新使城市、建筑、自然和诗歌、艺术形成一种不可分隔、难以分类并密集混合的综合状态，所有那些以全球商业化价值为归依的过大的城市和过大的建筑终将瓦解。

我相信，一种将超越城市与乡村区别、打通建筑与景观、强调建造与自然关系的建筑活动必将给建筑学带来一种触及其根源的变化。可持续与经济相结合的考虑将为建筑学从传统景观意识到现代感觉的变化注入新的观念和方法。在我已经完成的杭州中国美术学院象山校园，800 亩土地，16 万 m²，30 栋建筑，就以非常实验性的方式体现了我的观念：就地取材，旧料回收，循环建造。建筑就是景观，景观不仅体现在对自然地理的适应、调整，敏感对话，甚至将真实的自然也变为生活场所建造的一种元素，根据对"自然之道"的理解，保留了原有的农村地貌、耕地和鱼塘，微调自然地理特征。事实上，对中国大城市日益单调和混乱的现状，很难不抱有绝望的情绪，它们都在以全球商业化价值为归依迅速地同质化，而象山校园，不仅是一座大学校园，也不仅是一种回应中国传统"书院"的教育建筑尝试，它是包含着一种新的城市模式的实验企图的，从建筑类型、群体密度、建筑尺度、材料回收、建造方式和体系到田园混合的位置格局与美学意趣，它是关于一种以地方文化差异性认同为根基的生态的存在方式进行整体呈现的努力，是我用从乡村调查中体会到的"自然之道"去反向影响城市的努力，也暗含着我一直以来的主张：今天的中国城市发展需要重新向乡村学习。

本质上，现代建筑都是工程师式的建筑，从一种幻想出发，设定想要的材料，设定一种工作方式，即使这种材料远在千里之外也在所不惜。或者为了降低能耗，进行更复杂的材料与工艺制造。我更喜爱工匠的态度，尽管并不排斥材料研究与工艺试验，但工匠总是首先看看有什么现存物可以利用，什么建造方式对自然破坏最少。好的建筑应该建造简单，易于维护，并应根据地方的实际经济、技术、造价、建造体系和建造速度采用合适的技术。这是两种完全不同的出发点，现代建筑师总是认为，建筑创作的好坏取决于方案的哲学思考，很少去想的是，工作方式和职业体系有着更基本的哲学决定性，更重要的是，在这个高速建造的特殊时代，前所未有的规模和数量，意味着建筑师的工作几乎是粗暴地影响着广大民众的生活，这就要求建筑师必须对自身的职业有独立的批判态度，建筑师要有清楚的世界观和德行。

2003 年，我们在鄞州中心区明州公园里设计了"五散房"，用 400m² 的一座画廊建筑第一次把旧料回收、循环建造的做法实现，这种做法实际上也来自宁波民间。同样重要的是，业余建筑工作室的基本工作方式，从田野调查入手，和一组地方工匠长期配合，由小型建造实验开始，逐渐形成大型建筑的设计与施工工法，被清晰地建立起来。

更重要的是，这个小实验影响了人们的观念，在一味追求巨型新建筑建造的浪潮中，让人们重新体会到小建筑和旧的现存物的价值，人们重新开始热爱能产生地方价值认同的事物。同时，这也是我们的基本工作方式，小建筑实验是为了更大规模的推广。这种设计观念已经不是西方现代建筑的那种以个人美学追求为最高标准的作品观，而是另一种建筑观念。

回收旧料，"循环建造"，并不是我的发明，而是正在被遗

忘的中国建筑一直以来的伟大传统。如果说"五散房"是遵循上述原则的小型实验，在 3 万 m² 的宁波历史博物馆上，回收这一地区正在拆除的旧建筑上的废料，进行大规模的循环建造实验，就是对这种价值观的彻底贯彻。而这些旧建筑材料如果不回收，并被创造性地再运用，就不能体现它特殊的价值和尊严。这类工作能得到政府的大力支持，在几年前都是不可想象的。实际上，宁波历史博物馆使用的"瓦爿墙"技术，已经是对传统建造用现代技术改造的结果，宁波传统建筑上从来没有高达 24m 的"瓦爿墙"，新的做法经过反复实验，发展出一种间隔 3m 的明暗混凝土托梁体系，保证了砌筑的安全。内衬钢筋混凝土墙和使用新型轻质材料的空腔，使建筑在达到特殊的地域文化意味的同时，获得更佳的节能效果。

使用大量回收材料，除了节约资源，在新建造体系下接续了"循环建造"的传统，也是因为这类砖、瓦、陶片都是自然材料，是会呼吸的，是"活的"，容易和草木自然结合，产生一种和谐沉静的气氛。与之相应，我理想中的建筑总是包含大量建筑内的外部腔体，建筑内是有"气"存在的。

宁波博物馆采用了简洁的长方形集中式平面布置，就现代博物馆功能需要而言，这是最高效的组织形式，同时，这使平面落地面积最小，使施工建造法对自然的破坏最小。景观设计以这一地区低矮丘陵地貌为特征，以重返自然为意趣，避免过度设计。在宁波这个号称"小曼哈顿"的 CBD 新区，在围绕四周的高层办公大楼之中，这个建筑就表达了面对这个世界的决然不同的态度。

近年来，我提出"重建一种当代中国本土建筑学"的主张，宁波博物馆的设计就是这种主张的探索和具体实践。意味着从当代现实与观念出发，首先取决于以自然之道为约束的人文地理和以"山"、"水"为沉思对象的景观诗学为背景，重新审视熟悉的建筑学体系。对"自然之道"的认识与体验，将重新成为设计与建造活动的出发点。博物馆从设计语言上看，重点表达了"介于自然与人类之间的"的观念，平面是简洁的长方形集中式布置，但两层以上，建筑开裂，微微倾斜，演变成抽象的山体。这种形体的变化使建筑整体呈微微向南滑动的态势，场地北部为一片水域，建筑因而具有刚从水中上岸的意向。而在建筑内部，两层以上为一高低起伏的公共活动平台，从建筑整体分裂出的 5 个单体，和而不同，围绕这个平台，又成传统城镇的格局与尺度。传统中国关于"山"、"水"与建筑关系的美学被有深度地重新转化了。我曾经说这栋建筑的意思出自宋代画家李唐的"万壑松风图"，但我更在意的是，不只是这么说，而是如何让人直接在现场体会到。

如果说，这种深度的诗意表达多少还是抽象的，博物馆在外墙材料上的探索就使抽象的诗意有了具体的物性和质感。外墙由"瓦爿墙"和"竹条模板混凝土"混合构成，使用"瓦爿墙"，除了它能体现宁波地域的传统建造体系，质感和色彩能完全融入自然，它的另一个意义在于对时间的保存，回收的旧砖瓦，承载着几十年甚至百年以上的历史，它使得博物馆一建成，就凝聚了几十年甚至百年以上的时间，而工匠在砌筑时的即兴发挥，使它更加鲜活。"竹条模板混凝土"则是一种全新创造，"竹"和江南地域存在感的物性关系，"竹"的弹性和对自然的敏感，都使

原本僵硬的混凝土发生了艺术质变。

可以想象，就像中国园林的建造，宁波博物馆特殊的材料做法使它已经变成了有生命的环境，需要滋养，于是我们可以把建筑当作植物对待。它刚建成的时候肯定不是它状态最好的时刻，10 年后，当"瓦爿墙"布满青苔，甚至长出几簇灌木，它就真正融入了时间和历史。

之所以要探索一种中国本土的当代建筑，是因为我从不相信单一世界的存在，事实上，面对中国建筑传统全面崩溃的现实，我更关注的是，中国正在失去自己关于生活价值的自主判断。所以，我工作的范围，不仅在于新建筑的探索，更关注的是那个曾经充满了自然山水诗意的生活世界的重建。至于借鉴西方建筑，那是不可避免的，今天中国所有的建筑建造体系已经完全是西方方式，所面对的以城市化为核心的大量问题已经不是中国建筑传统可以自然消化的，例如，巨构建筑与高层建筑的建造，复杂的城市交通体系与基础设施的建造，作为主流的钢筋混凝土现浇建造体系。不过，我的视野更加广阔与自由，例如，我会越过西方现代建筑的抽象概念，与它实际存在的多样性和差异性的建筑现实去对话。对中国自身的建筑传统，我也保持同样的态度。这样一种不同的建筑学，需要从最基本的问题重新入手，建筑师在今天都喜欢把"自然"挂在嘴上，但多是抽象地谈，形式地谈，象征地谈，却几乎没有可以重新进入真实的自然事物的方式。就最基础的建造问题来说，当然，我们不得不想办法把传统的材料运用与建造体系同现代技术相结合，更重要的是，在这一过程中，提升传统技术，这也是我在使用现代钢筋混凝土结构和钢结构体系的同时，大量使用手工技艺的原因，这不仅是中国建筑遇到的难题，也是全世界正在向现代性转型的地方都困惑的难题。技艺掌握在工匠的手中，是活的传统，是地方文化差异性的根基。如果不用，即使在形式上模仿传统，传统必死，而如果传统一旦死亡，我相信，我们就没有未来。

在"断裂"中生存

——探寻消费和信息时代的建筑与城市的新生存方式

张希 徐雷 《世界建筑》 2013 年 01 期

摘要：针对在被消费活动和信息资讯包围的当代社会，建筑和城市的生存方式发生了巨大改变的现象，从库哈斯和伊东丰雄的理论出发，将消费和信息时代的新语境影响下的当代建筑和城市的特征总结为"断裂"：包括时间和空间脉络的"断裂"、建筑与城市以及建筑表皮与内部的"断裂"，并以库哈斯的"超建筑"和"广普城市"以及伊东丰雄的"临时建筑"和"流动表皮"为例，探寻了建筑与城市在"断裂"的背景下的新的生存方式。

关键词：消费，信息，建筑，城市，断裂，生存方式

今天是一个消费的时代（Consumption age），也是一个信息的时代（Information age）：全部的社会活动都以消费为主导目标，各种信息媒介作为人体的延伸成了人与外界交流的最重要途径。在这样一个瞬息万变的时代，传统的建筑和城市的生存方式受到了极大冲击，社会和资本过于急剧的循环动作使得建筑师们几乎全部卷到其中。一部分建筑师长袖善舞，迎合建筑的消费市场，引领建筑的潮流趋势；一部分以悲观的态度否认了当代建筑的发展，认为今天的建筑师们，尤其是在经济高速增长阶段的发展中国家的建筑师，全都很自觉地彻底投身到利益链条中；还有少数的建筑师以客观坦诚的态度重新审视被消费活动和信息资讯包围的当代社会，不是迎合，也不是批判，而是以自身的建筑实践来反映社会，这其中最具代表性的是库哈斯和伊东丰雄。因此，本文主要以库哈斯和伊东丰雄的理论及实践为基础，思考消费和信息的时代背景对于人的生活，进而对建筑和城市的生存方式产生了怎样的影响，以及怎样的建筑和城市才能适应这样的时代。

1 消费和信息时代的新语境

近几十年来，人类社会的变革相对于之前任何一个时代来说都要更加剧烈和迅速。作为人类存在场所的建筑和城市汇集了全部的社会活动，以最为直观的方式呈现了一个时代的特征，因此，时代的变革也会直接影响建筑和城市的生存方式。

1.1 转瞬即逝的流行

今天，很难有一样事物可以长时间存在于人们的记忆当中。由于生产力发达带来的生产相对过剩，需要鼓励刺激消费以维持社会生产生活的正常运行，缩短消费周期成为最重要的手段之一。在时尚的名义下，无时无刻不有大量的信息形成舆论，诱导消费方向，转瞬即逝的事物充斥了社会的每个角落。在这迅速更替的世界背后被遗忘的不仅仅是物，还有在漫长人类社会发展过程中沉积的历史和文化。

1.2 失去场所归属感的人和物

便捷的现代交通和网络通信技术使地球村的设想在今天真正成为可能，所有的人和物都被各种经济、政治、文化的网络联系在一起而不再受到地域的约束，因此不可避免地彼此相互影响而逐渐趋于相似。另一方面，自工业时代起的对于生产高效率的追求导致社会分工越来越细，以及资本运作的成熟带来商品的品牌化，使原本相似的人和物产生了新的分化。因此在今天的社会，人和物已经逐渐丧失了对于某一特定地域的归属感，转而以社会分工和品牌划分的方式重新获得个性和特征。

1.3 虚拟的表象世界

个人计算机、移动电话、汽车导航等电子仪器夜以继日地改变着人身体的感觉，各种技术媒介成为人们攫取信息从而与外界社会交流的主要途径。今天的人们已经非常适应在只有表象、没有物质实体的虚拟环境中生存：例如，每天对着计算机屏幕这样一个二维平面工作、购物、娱乐等，甚至虚拟的表象世界已渐渐超越了物质世界成为人们最重要的生存环境，这导致了人们对于物的视觉形象的要求超过了对其实质内容的要求。

1.4 "家"向社会的延伸

随着各种物质的、非物质的媒介变成人肢体的一部分向社会延伸，原本集中的个人和家庭生活也散落到社会各个角落，由都市生活的片段拼贴而成：起居室是咖啡吧或戏院，饭厅是餐馆、衣柜是时装旗舰店、庭院则是运动俱乐部[1]。这些原本属于家的职能作为第三产业在城市公共空间兴起并被多样化，然后全面向其他功能空间渗透：例如机场渐渐具有了超市、餐馆、名品店等功能。同时，由于城市用地对综合利用率的追求以及生活便利性等因素，要求这些功能被集中起来，就形成了城市建筑中所容纳内容的高密度状态，即库哈斯所谓的"拥塞文化"（Culture of congestion）。

2 "断裂"：当代建筑和城市的特征

在消费和信息时代的新语境影响下，各种建筑现象接踵而至，这其中有对新语境的迎合，也有批判和对抗，从对传统文化的怀旧到前卫夸张的设计，从巨型的综合性建筑到智能化系统，笔者将这些现象所体现的当代建筑和城市的特征概括为"断裂"：包括时间和空间脉络的"断裂"、建筑与城市的"断裂"以及建筑表皮与内容的"断裂"。

2.1 时间脉络的"断裂"

转瞬即逝作为消费时代的普遍规律影响着所有人和物，建筑也不可避免地被卷入流行的漩涡，只是基于建筑的耐用年限比较长且不可移动的缘由，而让人产生了建筑是不会或者不应该被消费的错觉。但无论建筑怎样以生态节能、参数化、非线性、智能化等各种理论为自己找到长期存在的理由，在资本的运作和利益的驱使下，都很快成了时尚潮流的代言，最终模糊了原初的意愿，而更多沦为形式主义。

如此多的建筑现象层出不穷，尤其对于处在经济快速增长阶

段的国家来说，无疑推进了城市的大规模更新，但也使延续城市的历史轨迹成为几乎不可能的事情。伊东丰雄就曾说过："我认为我的建筑没有必要存在 100 年或更长的时间，我只关心它在该时期或其后 20 年作何用。极有可能，随着建筑材料和建筑技术的进一步更新发展或者经济和社会条件的变化，在其竣工后就再也没有人需要它了"[2]。他的这种观点受曾经高速发展的日本社会环境的深刻影响：每过几十年，东京所有的建筑物会被完全拆毁重建一次，建筑功能很快不合时宜，形式也很快过时。在这样的城市快速更新背景下，虽然几乎每个城市都会以各种手段保护改造一些历史遗存，但结果都不外乎用这些小规模的历史片段吸引大量游客，过去被压缩成一个综合体，历史成了一种商业服务。

于是在一个城市中，我们不能通过不同时期的建筑去回首它的发展过程，存在的仅仅是大片的当代流行建筑和少数被剥光了内容的历史表皮。城市发展的时间脉络断裂了。

2.2 空间脉络的"断裂"

由于城市发展的时间脉络的断裂，由历史沉淀所形成的城市地域性特征正在逐渐消失。同时，伴随全球化时代的到来，建筑的设计和建造的国际合作变得非常普遍，在技术媒介发达、信息畅通无阻的情况下，在经济利益的催生下，越来越多的建筑师和事务所在全球范围内被广泛认可并获得更多的国际合作机会。虽然地方的传统文化特色是设计中往往会被考虑的元素之一，但设计师总会很自然地沿用自己的思维模式，尤其对于有着成熟理念和运作体系的建筑师和事务所而言，最终项目所体现的往往更多是建筑的品牌特征而非地方特色：扎哈·哈迪德在中国的广州歌剧院丝毫不会受东方传统建筑风格的影响，一如既往的动感和张扬；同样 SANAA 事务所在美国的曼哈顿现代艺术博物馆也与它周边的老建筑群格格不入，却和它在日本的那些项目一样简洁透明。

于是，同这个时代的其他产物一样，建筑也逐渐丧失了对于某一特定地域的归属感，转而以品牌划分的方式重新获得个性和特征，这加剧了城市空间脉络的断裂，尤其对于那些经济高速增长、需要大量品牌建筑提升自身国际地位的国家和城市而言，鳞次栉比、风格混杂的高楼林立就是它们所呈现出来的当代都市的普遍特征。

2.3 建筑与城市的"断裂"

现代都市中越来越多的原本集中的个人和家庭生活以第三产业的形式向城市公共空间的扩散和再集中导致了"拥塞"的产生。高层高密度的城市建筑形态是"拥塞"最直接的外在体现，而"拥塞"的内在实质是城市建筑中所容纳内容的高密度状态[3]。

"拥塞"导致了"大"建筑的产生，巨大的体量不仅可以容纳多样的复合功能，同时还体现着在经济成为影响世界格局的主导因素后，大量财富带来的野心膨胀。遍布世界的各类城市综合体就是"大"建筑的最佳代表。城市综合体将城市中的商业、办公、居住、旅店、展览、餐饮、会议、文娱和交通等城市生活空间的 3 项以上进行组合，并在各部间建立一种相互依存、相互促进的能动关系，从而形成一个多功能、高效率的整体。这样的建筑再也不能被一种单一的建筑形式所控制，甚至不能被任何建筑形

式的组合所控制，它基本具备了现代城市的全部功能，在各个方面表现出了脱离城市整体的独立自治。"'大'建筑不再需要城市了：它与城市抗衡，它代表城市，它占领城市，或者更准确地说，它就是城市。"[4]

2.4 建筑表皮与内部的断裂

近几年流行的建筑设计表皮化倾向从一个侧面反映了当代建筑表皮与内容断裂的不可阻挡的趋势。这种断裂有多方面的原因，由"拥塞"导致的"大"建筑的产生就是其中之一。"大"建筑超出了一定的临界体量，不能再由一个单独的建筑形态所控制而引发了各个局部的自治，建筑的立面再也无法揭示内部事件。于是，建筑的内部和表皮就变成了相互分离的两个独立部分：一个应付着由功能复合带来的不确定性；另一个为建筑整体提供一种表面上的稳定性[5]。如中国国家大剧院，外部一个巨大的壳体结构覆盖住内部的歌剧院、音乐厅、戏剧场、小剧场以及其他的配套设施使其成为一个整体，表皮与内部复杂的内容完全脱节而独立表达自身的完整形态。

另一个重要原因是在以消费为主导的当代社会，通过电视、电影、网络等媒介传播的基于流行娱乐的大众文化取代了资产阶级精英文化，虚拟的表象世界超越了物质世界成为人们认知的对象，从而导致了人们对物的视觉形象的要求超过了对其实质内容的要求。在这样的社会环境中，为了适应消费和视觉文化转向的需求，建筑从真实的存在转向以"表皮化"的形式存在。在经济利益的驱使下，有关建筑的一切设计和建造必须考虑如何才能通过建筑获得最大的资本增值，当代建筑已不可避免地成为广告工具，而漂亮的表皮是不可或缺的宣传手段。以库哈斯的 CCTV 新办公大楼为例，这个由国家资本介入的庞然大物显然不是一座仅仅"够用"的办公楼，更是为了创造一个惊世骇俗的表皮形象，以此传达这样的意向：一个强有力的、开放和崛起的中国，从而赢得世界的关注和认同，而这种认同背后，将是不可预估的价值和收益。建筑师雷姆·库哈斯正是敏锐地觉察到了这一点，他在为 CCTV 新办公大楼竞标方案时说道："这就是中国现在需要的建筑，我给你们带来了"。[6]

3 寻找建筑与城市的新的生存方式

在消费和信息时代的新语境影响下，在经济利益的驱使下，"断裂"成为当代建筑和城市发展的不可阻挡的趋势。一些当代建筑师们开始从新的角度思考建筑和城市在当代社会的生存问题，不是去抵制"断裂"，而是如何去适应它，这其中以库哈斯和伊东丰雄最具代表性。

3.1 库哈斯的"广普城市"（Generic City）和"超建筑"（Hyper-Building）

3.1.1 广普城市

城市的"个性"来源于历史传统文化的积淀。在当代社会，由于交通与通信网络技术的发达，社会生活方方面面不可抑制的全球化趋势最终导致了世界范围的"摒除特征"的变革运动，城

市在"个性"上的体现甚微。为了维系甚微的"个性",城市发展受到了极大束缚:例如体现城市"个性"的中心城区占据了很多发展良机,却不能满足人口增长和城市发展的需要,为了延续城市的"个性",中心城区不得不作为重要场所维持着,它既是最古老的,同时又要成为最时髦的;它既要保持稳定,又需要成为最有活力的区域[7],这使城市发展陷入了巨大的矛盾之中。

面对这样的矛盾,大量的当代建筑师在设计实践中选择了忽略城市自身的个性特征,转而以体现建筑的品牌特征为主,这其中库哈斯更是以激进的态度质疑了城市"个性"存在的合理性,并提出"广普城市"作为当代城市的存在方式。所谓的"广普城市"并非物质的、实在的城市,而是一种全球范围内的城市发展趋势。人口的流动使得城市不是固定不变的,"广普城市"只是流动人口暂时的家园;它的高速城市化进程让城市规划难以发挥作用,城市的各类要素因需要而存在;它从中心的束缚和可识别性的禁锢中解放出来,只反映现实的需要,是没有历史的城市。同时,库哈斯预言人们将开始在家里办公,购物成为唯一的活动,旅馆成为数量最多的建筑,百万居民自愿被囚禁于其中。建筑以难以置信的速度被建造出来,建筑的多样性将趋于相似和平淡,没有过去,没有未来,只有现在[8]。

经过20世纪后期的大规模建设和高速发展,世界上很多城市,尤其是处在经济高速增长期的亚洲新兴城市,在很大程度上已呈现出库哈斯所描述的"广普城市"的种种特征。虽然广普城市以牺牲城市历史文脉为代价换取自由发展,但确实是站在当代社会的背景下思考城市问题并敏锐预言了未来,是当代城市的真实生存状态。

3.1.2 作为"城市"的超建筑

库哈斯极大肯定了在"拥塞文化"下产生的"大"在当代城市建筑中的作用。他认为,"大""激活了复杂机制,在一个单体容器里维持着事件的杂乱增殖,同时组织起事件之间的独立性和互存性,最终将建筑从筋疲力尽的现代主义和形式主义的意识形态中解脱出来,恢复其作为现代化推进器的作用。"[9]

他在1997年对曼谷进行研究时提出了一种"超建筑"概念,对其一直崇尚的"大"建筑进行了一次大胆的尝试。他完全没有拒绝建筑与城市间断裂的趋势,而是将这种趋势发挥到极致,重新定义建筑与城市之间的关系以及建筑设计原则。这个超建筑的尺度大到了极致,它被设想成能够满足20万人口居住和工作需求的"城市":塔楼相当于街道,水平元素是公园,大体块的部分是城区,斜线部分是林荫大道。同时,超建筑有一套相应的交通系统保证这个庞然大物的运转:4条林荫大道中设有缆车,电梯将建筑与下层的城市联系起来,6条街道中的高速和低速电梯是主要的垂直交通方式,12km的散步道从地面层直到建筑顶部。这样建构起来的超建筑可以看作是由不同要素相互支撑的几个建筑综合而成的巨型整体[10]。

3.2 伊东丰雄的"临时性建筑"和"流动表皮"

3.2.1 临时性建筑

伊东丰雄曾以在东京一个人生活,最大限度享受着都市环境

的游牧少女为对象,为其设计了一个类似蒙古包的"家"。这些少女的生活是当代都市生活最具代表性的体现:她们在都市漂泊,衣服、提包、首饰体现着时尚流行,她们的人和她们所穿戴的物一样,都是都市中的过客,不会长久存在于同一个地方。这个形似蒙古包的"家"是可以移动的帐篷小屋,全部以半透明的皮膜制作,象征着都市居无定所的临时性生活,简易、没有束缚,又透露着不安定感。这个方案可以看作是伊东丰雄对于当代建筑时间脉络的断裂所做的最早思考。

从20世纪80年代开始,伊东丰雄就在建筑中大量运用铝合金打孔金属幕板,通过这种带有暧昧模糊感的现代材料追求临时性、轻盈流动,同时没有归属感,是将"游牧少女的家"设计中所体现的临时性思想转化为实践的技术手段。最突出的例子是1986年的游牧餐厅,由于地块收购的不及时,原本计划建造的旅馆被迫改造成了餐馆,但这是一个临时性的决定,如果旁边的地块又被收购,将重新回到饭店的计划,因此建筑不能盖得太具有永久性,但因为还受法律及实用性的要求,也不可能像"游牧少女的家"那样就搭一个帐篷小屋。这个案例是真正将临时性的思想转化为建筑实践的尝试。整个餐厅墙体用铝合金板,板上钻了无数小洞,上层地板用金属材料铺地,内部空间悬挂展开的金属板像浮云漂浮在顶棚上,整个空间是金属质感的,以舞台布景的方式用柔软材料建造,营造了一种仿佛虚拟世界般的氛围,而之后不久这个餐厅确实被改造成了娱乐场所,用作音乐厅和电影院,为都市的享乐主义者展现最时尚的虚幻体验[11]。两年半后,这座建筑被拆除。

3.2.2 流动的表皮

东京这样一个有着大量记号浮游的都市给了伊东丰雄深刻的印象,这些记号群以令人炫目的华丽姿态覆盖在都市环境的表层上:有传统的木构建筑样式,有从欧洲输入的古典主义建筑样式,还有从美国输入的现代建筑样式。这些被作为图腾的记号无秩序地排列在一起并持续扩大,形成了一个急速发展的华丽的表象都市,更凸显了深层次的空虚与薄弱[12]。但建筑和城市成为空虚的表象是社会发展的必然,伊东丰雄没有去抵触它,反而通过媒介技术手段彻底将现代都市给人的虚无缥缈的印象赋予了建筑表皮,使表皮完全脱离了物质实体而成为流动信息的传达器。

1991年,伊东丰雄在伦敦的维多利亚与艾伯特博物馆的"视觉下的日本"展览中设计了一个装置,将影像投射在建筑实墙上,在表皮上制造了对物质空间的一次快速刷新,向人们暗示了未来空间非物质化的可能[13]。"视觉和听觉信号不断地从东京城市流出来,被卫星捕捉到",混乱无序却又安静地漂浮着,然后消失,城市的图像和采样声音让人卷入一种奇妙的幻想。伊东丰雄另一个名为"风之卵"的作品进一步将虚拟影像运用到都市空间的操作上。在这个作品中,作为主结构的卵体是由表面的曲面铝板与内部的液晶投影装置组成。白天卵体表面的曲面荧幕反射着所谓的"立即的"都市信息,等到入夜后,卵体就摇身一变为电子影像显示屏,放映着错综复杂、相互叠合的未来影像[14]。

4 结语

　　在如今这样一个全部社会生活都以消费为主导目标、信息网络高度发达的时代，建筑的时间和空间脉络的断裂、建筑与城市以及建筑表皮和内部之间的断裂成了不可阻挡的发展趋势，无论是库哈斯的广普城市和超建筑，还是伊东丰雄的临时建筑和流动表皮，都是在这样的时代背景下所作的思考，虽然这些思考有很多仅仅停留在假想阶段，并且有着无法弥补的缺憾，例如都是以牺牲历史延续性和地域特征为代价，但却为我们探索新时代建筑和城市的生存方式开辟了新思路。

参考文献

[1] 伊东丰雄. 人造人的身体所追求的建筑 [A]. 伊东丰雄. 衍生的秩序 [C]. 谢宗哲译. 台北: 田园城市文化事业有限公司, 2011.4: 120 – 139.

[2] 大师系列丛书编辑部. 伊东丰雄的作品与思想 [M]. 北京: 中国电力出版社, 2005.8: 13.

[3] 刘松茯, 孙巍巍. 雷姆·库哈斯 [M]. 北京: 中国建筑工业出版社, 2009.9.

[4] 雷姆·库哈斯. 大 [J]. 姜珺译. 世界建筑, 2003 (2): 44 – 45.

[5] 同 [3].

[6] 赖祥斌. 当代建筑的表皮化倾向研究 [D]. 湖南大学硕士学位论文. 2008.6.

[7] 雷姆·库哈斯. 广普城市 [J]. 王群译. 世界建筑, 2003, (2): 64 – 69.

[8] – [10] 同 [3].

[11] 同 [2].

[12] 伊东丰雄. 在建筑中的拼贴与表面性 [A]. 伊东丰雄. 衍生的秩序 [C]. 谢宗哲译. 台北: 田园城市文化事业有限公司. 2011.4: 50 – 51.

[13] 周诗岩. 建筑物与像——远程在场的影像逻辑 [M]. 南京: 南京大学出版社, 2007.

[14] 甫正进行. 困惑的断裂: 当代前卫建筑形式理论试探 [OL]. http://www.hawhsu.com/confuseddisjunction/?emailpopup=1.

纽约城市公共健康空间设计导则及其对北京的启示

李煜 朱文一 《世界建筑》2013 年 09 期

摘要：本文介绍和分析了美国纽约市政府制定的纽约城市公共健康空间设计导则，包括导则针对的健康问题与理论突破、健康城市设计策略与健康建筑设计模式等 3 个方面。同时结合当代北京的实际情况，提出了与城市健康空间相关的问题，并建议开展相关研究。

关键词：设计导则，公共健康

　　在马斯洛的需求层次理论金字塔中，"健康"无疑是最基础的需求之一。随着近代医学的发展，对于"公共健康"（Public health）的探讨已经不再局限于医学领域，而是呈现多学科交叉的趋势，甚至延伸出许多新的研究方向，如环境心理学（Environmental psychology）、医学地理学（Medical geography）等。

　　2008 年世界卫生组织提出了"健康的社会模型"，从 5 个层级定义了社会意义下的健康。其中，城市物质空间作为第 4 个层级，正式成为了影响市民健康的主要因子之一。城市"空间"直接与间接地影响着市民的健康，这一联系已经被证明。然而，关于如何通过城市空间的设计和改善，影响和促进市民健康的研究还比较稀缺。尤其是在我国公共健康的研究和实践领域中，建筑师和城市设计师角色的缺失已经日渐成为亟待解决的问题。纽约城市公共健康空间设计导则，正是在这一领域的有益尝试。本文将介绍这一导则面对的公共健康问题及应对方案，制定过程中的特色和突破，以及倡导的主要城市设计策略和建筑空间设计模式。同时，以首都北京为例，讨论该导则在中国城市的公共健康空间设计中的几点启示。

1 健康问题与理论突破

　　从 20 世纪 90 年代开始，肥胖症及相关疾病如糖尿病、心血管病和某些癌症等慢性病已经成为影响北美大城市市民健康的重要威胁，美国各州的肥胖症患者比例在 2007 年已经普遍超过 25%。当代社会中市民的生活方式已经逐渐改变，驾车取代了步行和自行车；电梯和自动扶梯取代了爬楼梯；电视电脑取代了传统体育锻炼和娱乐。现有的城市设计和建筑设计忽略了"日常锻炼"的重要性，城市中不健康的生活方式直接导致了肥胖症和相关疾病的多发。在纽约，43% 的未成年人有超重甚至肥胖症的症状，成年人中主动汇报有肥胖症症状的则在 2007 年增长到 22.1%。针对这一公共健康问题，2006 年纽约健康与心理卫生部（Department of Health and Mental Hygiene）联合纽约建筑师协会（The American Institute of Architects New York Chapter）联合召开了第一届健康城市（Fit City）

大会。大会上来自公共健康、城市设计和建筑设计等方面的专家讨论了建成环境改造与纽约城市公共健康的关系。健康城市从此成为每年一度的纽约城市健康空间设计研讨大会的议题。大会讨论和整理了可能的城市健康空间设计策略，积累了大量的研究资料。

2010 年，纽约市政府提出了纽约城市公共健康空间设计导　则（Active Design Guidelines: Promoting Physical Activity and Health in Design）。该导则针对肥胖症和相关疾病这一当前美国大城市最严重的健康危机提出了城市物质空间层面的设计策略。这是该市第一个针对当代公共健康问题提出的城市设计和建筑设计层面的导则。

纽约城市公共健康空间设计导则的特色首先体现在多部门、多学科合作的制定过程上。该导则由纽约市市长牵头，由纽约市设计与施工部（Department of Design and Construction）、健康与心理卫生部（Department of Health and Mental Hygiene）、交通部（Department of Transportation）、城市规划部（Department of City Planning）联合制定。该导则综合了长期可持续规划办公室，残疾人办公室，学校建设权威，住房保护与发展相关部门，老龄化部，城市设计、建筑设计相关公司等多个政府部门和民间机构的研究成果。在导则颁布之前，纽约市政府通过公共和私人方式广泛征询了各界专家的意见，并在 2009 年 1 月组织了工作营专门讨论这一导则的相关细则。

该导则的另一突破在于其明确了实施的主体，它首次以政府导则的形式强调了建筑师和城市设计师在城市公共健康领域的重要作用。导则中梳理了建成环境影响市民健康的相关史实，挖掘了历史上城市规划师和建筑师在公共健康领域的贡献。在 19 世纪末、20 世纪初，纽约城市的极速发展和人口的过度增加导致了传染病的大量流行，建筑师和城市设计师通过一系列的设计措施改良了城市环境，抑制了流行病的蔓延。而当今，肥胖症已经成为影响全美大城市的重要健康问题。纽约城市公共健康空间设计导则直接面向建筑师与城市设计师，同时提出了城市设计和建筑设计两个层面的空间设计策略。

同时，纽约城市公共健康空间设计导则在理论方面有了新的突破。与过去的建筑和城市设计导则不同，该导则分析了公共健康领域的相关研究，得出了肥胖症及相关疾病的发病原因，并得出了一套影响机制和设计模式。纽约城市公共健康空间设计导则的核心是教育建筑师和城市设计师在设计中尽量增加日常锻炼活动的可能性。导则希望在城市设计和建筑设计中引入"公共健康空间设计"的相关策略，以此来改造城市"建成环境"，改变市民"生活方式"，增加市民"日常锻炼"的可能性，最终影响和促进"市民健康"，使得纽约成为更适宜人居的健康城市。

纽约城市公共健康空间设计导则所推行的生活方式主要包括用运动娱乐代替电视和视频游戏；用步行和自行车、公共交通代替私家机动车出行；用爬楼梯代替乘电梯、自动扶梯；用健康的饮食代替不健康速食。要使得市民完成这一生活方式的改变，城市设计师和建筑师需要转变原有的以效率、经济为主导的设计思路，在满足无障碍设计的同时，尽可能以"健康设计"为导向，通过一系列的策略完成从"肥胖城市"（Fat City）到"健康城

市"的革命。导则主要包括健康城市设计、健康建筑设计两个部分，每部分分为若干小节给出了可行的空间策略和案例分析，并在每部分的结尾提出了相关的评价体系。除城市设计和建筑设计方面的健康策略外，纽约城市公共健康空间设计导则还提示建筑师和城市设计师综合统筹健康设计与可持续发展及其他策略。导则中指出，城市公共健康空间设计与现有的节能设计及可持续发展理论并不相悖。导则认为，健康设计在建筑设计和城市设计中不是孤立存在的，也不能作为评价建成环境好坏的唯一因子。导则中也提出了如何将健康设计与绿色设计相结合。

2 健康城市设计导则

在城市设计层面，纽约城市公共健康空间设计导则提出了通过城市设计提升日常活动可能性的"5D 原则"。"5D"包括：密度（Density）、多样性（Diversity）、设计（Design）、目的地可达性（Destination accessibility）和公共交通站点距离（Distance to transit）。具体而言，健康的城市设计包括几个主要策略。

（1）增大城市用地的功能混合程度。多项研究表明，增大城市街区的功能混合程度，能够有效提高市民的日常锻炼时间和次数，降低肥胖症的可能性。例如，西澳大学人口健康学院学者加文·麦克马克（Giles McCormack）就通过对 1340 人的调查，以及地理信息系统分析（GIS）印证了功能混合有利于日常锻炼的观点。导则中建议城市设计师尽量在某一地块的城市设计中混合住宅、办公、学校、零售商店、农副产品市场等城市功能。同时，尽可能使居住区与工作区的市民能够方便到达各类慢行步道和滨水空间，以培养市民日常锻炼的习惯。

（2）增加公共交通可达性、改良停车场设计，同时增加开放空间的可达性。例如，在城市设计中将办公和居住建筑的入口尽量朝向公共交通站点；在设计停车场时，满足无障碍停车的条件下，尽可能在停车场的选址中考虑与公共交通线路和站点的接驳。又如，在大范围城市设计中设计步行和自行车线路，并使线路穿过广场、公园和其他康乐设施；在社区中尽量设置一个大型集中的公共开放空间，而不是多个零散的小面积的开放空间，并尽量使所有居民能够步行 10 分钟以内到达这个公共开放空间；在居民活动的开放空间内设置体育锻炼设施，如跑道、操场、饮水处，等等。

（3）设计适宜儿童健康活动的场所。例如，尽可能设计内院、花园、阳台、可上人屋顶等空间给儿童提供日常锻炼和娱乐；在活动场地设置中设计清晰的标示系统，标明专业活动场地和多功能活动场地；在儿童的室外活动场地中保留或创造与自然接触的可能，同时设置室外照明，考虑昼夜、不同天气和季节的灵活使用；在学校里设计日常体育锻炼场地，并适当地将这些场地开放给社区使用。

（4）保证食品健康，鼓励设置农副产品杂货市场。例如，在居住区和工作区周边步行范围内设置能够提供所有农副产品的杂货市场，并且提供畅通的新鲜农产品物流渠道，为市民提供新鲜健康的饮食；在人流量大的农副产品杂货市场和居住区间提供便捷安全的步行交通；巧妙安排农副产品杂货市场的总平面，合理

设置卡车运货线路、市民步行线路、自行车线路和停车处。

（5）设计适宜人行的街道。例如，尽量保持较小的街区尺度，设置通畅的带有步行系统的街道；减少交通噪声，保证街道对行人友好，设计各类有助于减少交通噪声的设施，运用城市家具、树木和其他基础设施将人行道与机动车道分开；为行人和锻炼者提供休息处、饮水处和洗手间等基础设施；设计吸引市民步行的街道景观，在街道旁增加咖啡馆的数量以增加街道空间的活跃度；策划以人行为先导的活动，如在某些时段停止机动车通行，或者策划人行道慈善活动，等等。如纽约市曾在公园大道上开展的"夏日大道计划"，即某些主干道在某些周末禁止机动车通过，而是只开放给行人和非机动车。

（6）鼓励使用自行车出行。例如，设计连续成网络的自行车系统，并且尽量使自行车网络与公共交通系统相连接；在城市街道两侧设置专用的自行车道，鼓励自行车作为通勤工具；建立为自行车服务的基础设施系统，如自行车租借、停放处，等等。如纽约皇后区至布鲁克林区的"绿色大道"，就是一条专门为自行车和步行设计的线路，该大道长约 64km（40 英里），连接了 13 个公园和 2 座植物园以及多个博物馆，为市民的日常锻炼提供了有吸引力的场所。

3 健康建筑设计导则

在建筑设计层面，纽约城市公共健康空间设计导则旨在通过主动的建筑设计策略将爬楼梯、室内日常锻炼加入普通市民每日的生活模式之中。市民每天 90% 的时间是在室内度过的，在工作场所的久坐和在住宅内长时间看电视的不健康生活方式直接导致了肥胖症和相关疾病的发生。具体而言，导则倡导的健康建筑设计包括几个主要策略。

（1）通过楼梯和电梯的设计增加楼梯的日常使用。例如设计可见、有吸引力而舒适的楼梯，而不只是把楼梯当作防火疏散的通道；在设计楼梯的朝向时，尽量保证楼梯的可见和便捷。在楼梯的设计中要注意楼梯间和梯段的美观和吸引力。例如，运用有创造力而有趣的内装修，选择令人舒适的色彩，在楼梯井中播放音乐，在楼梯中间加入艺术雕塑的元素。同时尽可能为行走在楼梯中的市民提供欣赏自然风景的机会，并通过自然通风和柔和的照明增加楼梯的吸引力。同时，通过标识系统鼓励市民将爬楼梯纳入日常锻炼活动中。例如，在楼梯中设计张贴励志标牌，标明爬完每层楼梯后累积消耗的卡路里数以鼓励市民运动。将电梯和扶梯设置在主入口不能直视到的位置，不要在设计及照明方面突出电梯和扶梯。调整电梯的程序，限制电梯在某些时段的开停，尽量设置为隔层开停。

（2）合理设计建筑功能，增加室内日常活动。例如，通过建筑功能的分布鼓励市民从工作空间步行到共享空间，如邮件室、打印室和午餐室等。将大堂设置在二层，通过楼梯和坡道到达，或将某些相同相关的功能分别设置在两层，以增加步行距离。在建筑物内提供专门的行走锻炼路线，在路线上安排自然采光、饮水处和卫生间。设计一套标识系统标出整个行走路线的示意图、每段行走的公里数和消耗的卡路里数。

（3）在建筑内设置专有活动空间。例如，在商业写字楼和住宅中设置专门的日常锻炼活动空间和相关设施，如位于建筑内部或沿街立面的可见的健身活动的空间，并配套设计淋浴、更衣室、室内自行车租借处等。在专有活动空间设计中，尽量为参加室内日常锻炼的市民提供可供欣赏的自然景观。在专有活动空间中设计标识系统，介绍可提供的服务并给出锻炼设施的使用说明，同时设置展板鼓励市民自发组织日常锻炼小组。

（4）通过建筑外观设计刺激市民的日常锻炼。例如，尽可能优化建筑 1-2 层的界面，使得界面连续，内容丰富多样充满细节，以吸引市民步行。通过建筑外立面给街道提供适宜人行的环境，包括设置多个入口、门廊和雨棚等。巧妙地使坡道和楼梯成为提升建筑形象的元素，通过建筑形体的设计提供与城市相接的小广场、屋顶花园、运动场地等公共空间。

4 对北京的影响与启示

纽约城市公共健康空间设计导则针对纽约现存的最大公共健康问题提出了城市物质空间层面的设计策略，明确了城市设计师和建筑师在城市公共健康领域的位置与责任。这一导则虽然是针对纽约而订立的，但对我国的大城市，尤其是首都北京的公共健康与城市建设问题同样具有启示意义。

第一点启示在于这一导则发现和应对的健康问题。在我国，公共健康问题，尤其是与建成环境相关的健康问题日益严重。北京所面对的公共健康问题与纽约有相似，也有所不同，但已经成为影响北京城市宜居的主要因素之一。与纽约一样，北京也面临着市民不健康的生活方式带来的公共健康问题。北京市卫生局的统计结果表明，在 2012 年北京市民前 10 位死因疾病中，心脏病和脑血管病占到 47.5%，这两项疾病都与缺乏日常锻炼的城市生活方式有关。可见市民缺乏锻炼导致相关疾病的问题在北京也不可忽视。纽约城市公共健康空间设计导则的提出给北京城市建设中相似的问题提供了重要的研究资料。同时，不可否认的是，北京的公共健康问题比纽约复杂和严重得多。相比肥胖及其相关病症，北京的城市环境污染和恶化对市民健康造成了更严重的威胁。北京空气质量问题长期影响着市民健康，2012 年末以来，PM2.5 的超标给北京带来了持续的"雾霾"天气，导致了包括呼吸疾病在内的多项公共健康问题。正视建成环境对公共健康的影响，针对北京实际情况提出适宜的"导则"，例如，从城市环境改造和设计角度出发设置"零霾"空间，将是解决北京公共健康问题的重要方向。

第二点启示在于该导则制定和实施的主体。纽约城市公共健康空间设计导则由纽约市政府组织多部门、多学科共同制定，并且强调了城市设计师和建筑师的作用。在我国，建筑学甚至物质环境本身对市民健康的影响尚没有进入公共健康领域的视野。从 20 世纪 90 年代初开始，我国开启了创建"国家卫生城市"行动，其中的多项内容都是纽约在 20 世纪中期已经达到的标准。在北京市卫生局编制的《北京市十二五时期卫生事业发展改革规划》和国家卫生部发布的《"健康中国 2020"战略研究报告》中都提到了建成环境对健康的影响，但健康城市设计和健康建筑设计还没有被纳入研究的范围。反之，除具体的医院设计、住宅相关健康策略外，整体建成环境的健康设计也没有进入城市规划和建筑设计相关部门和从业人员的视野。纽约城市公共健康空间设计导则的引入有助于思考、挖掘和研究北京的公共健康问题。重视城市物质空间对公共健康的影响,梳理相关学科前沿,促进多学科交叉和多部门合作可以帮助推进北京的健康城市建设,提高市民的健康水平。

第三点启示在于该导则针对当前城市空间和建筑空间的城市公共健康设计策略。虽然纽约与北京面临的公共健康问题有一定的差别,但通过建成环境的改良来改善市民生活方式这一核心理念在北京的城市建设中也是亟待解决的问题。由于健康设计理念的缺乏,北京目前有不少的城市空间和建筑空间都缺乏健康关怀。从城市设计层面来看,北京的城市空间严重缺乏混合使用,"睡城"、"堵城"是北京城市空间混合使用程度低的极端案例。此外,公共开放空间可达性差、人行空间品质低下、极端缺乏健康的饮食空间等也是北京城市设计缺乏健康关怀的表现。从建筑设计层面看,目前北京多数办公建筑和居住建筑的楼梯间仅作为防火疏散,可达性差、阴暗偏僻,甚至存在一定的安全隐患,难以成为有吸引力的日常锻炼场所。研究纽约城市公共健康空间设计导则的相关内容,有选择地针对北京的建成环境问题提出适宜的设计策略,将极大地提升北京市民的健康生活品质。

纽约城市公共健康空间设计导则对当代北京城市建设有着重要的启示。通过对这一导则的解读,能够加强城市设计和建筑设计领域对"公共健康"的关注,正视和梳理北京的公共健康问题,促进多部门多学科合作研究,发挥建筑师和城市设计师的作用,并通过建成环境的设计和改造建设健康北京。同时,有选择地引入导则中相关健康设计策略,提升北京城市和建筑空间的健康品质,不仅对当代北京的城市建设具有参考价值,而且对解决我国其他城市的健康问题、完成"健康中国 2020"战略目标具有借鉴意义。

参考文献

[1]NYC Department of Health and Mental Hygiene. Community Health Survey.1994–2007.
[2]NYC Department of Health and Mental Hygiene. NYC Health and Nutrition Examination Survey. 2004
[3]NYC Department of Health and Mental Hygiene. NYC Vital Signs.2003.
[4]McCormack G, Giles-Corti B, Bulsara M. The relationship between destination proximity,destination mix and physical activity behaviors. Preventive Medicine. 2008;46: 33-40.
[5]北京市卫生局 .2012 年北京市卫生事业发展统计公报 .2013.

大事件影响城市
——后奥运北京城市发展及赛后利用
石晓冬 李楠 《世界建筑》2013 年 08 期

摘要: 北京在筹办、举办奥运会等重大事件的带动下,首都职能不断强化,城市的现代化、国际化水平显著提升,文化影响力逐步增强,居民生产生活条件明显改善,同时也面临更大的发展挑战。北京以城市新转型、新发展、新生活作为未来城市发展的战略选择。在此背景下,奥林匹克公园通过完善功能、提高效率、优化环境、协调机制、城市设计等手段不断优化其功能。

关键词: 奥运会,大事件,城市发展,奥林匹克公园

2008 年奥运会的成功举办标志着中国在世界的崛起和影响力的大幅提升,是中国走向世界的一个标志,而对北京而言,可以说是城市发展过程中一个重要的里程碑。作为正在崛起中的发展中大国的首都,北京引起越来越多的世界关注,北京需要以更宽阔的视野审视城市的发展。

北京以建设"国家首都、国际城市、文化名城、宜居城市"为目标,在筹办、举办奥运会等重大事件的带动下,首都职能不断强化,城市的现代化、国际化水平显著提升,文化影响力逐步增强,城乡居民生产生活条件明显改善。主要体现在以下几个方面。

(1)丰富了城市中轴线,完善了重点地区的城市功能布局。在城市中轴线的北端形成一个集体育、文化、会展、休闲等功能于一体的重要城市功能区——奥林匹克中心区,是北京市六大高端产业功能区之一,为发展大型文艺演出、重大体育赛事、国内外会议展览、奥运标志旅游等服务产业,提升首都国际化形象创造了良好条件。

(2)促进了城市轨道交通建设及城市基础设施体系的完善。2008 年奥运会相关投资额在 2800 亿元左右,其中基础设施投入达 1800 亿元。1999 年北京在进行申办准备工作时,地铁运营线路只有 42km,奥运会前已经达到 198km,目前已达到 456km。大规模集中投资建设使北京的基础设施水平得到较大提升,在保障奥运的同时,也为首都经济社会发展和居民生活改善提供了有力支撑。

(3)加大环境综合治理和绿化美化建设力度。通过加强污染企业搬迁改造、节能减排、推进燃煤锅炉改造、旧城区实施"煤改电"、加大河湖综合治理、开展环境综合治理和绿化美化建设等多项措施,改善水体环境和大气质量。

(4)促进首都经济社会协调发展。与奥运会相关的金融保险、旅游会展、商业服务、现代物流、文化体育、国内外旅游等一批现代服务业受到明显拉动;催生了一批拥有自主知识产权、国际领先的创新成果,提供了 200 万个就业机会;推进了保障性住房等涉及民生的重点项目建设,城市公共服务设施体系逐步完善。

(5)实现了从绿色、科技、人文奥运理念到"三个北京"发

展战略的转变提升。奥运会后，根据新的发展形势要求，及时将"绿色奥运、科技奥运、人文奥运"理念转化为"人文北京、科技北京、绿色北京"的战略方针，成为指导新时期首都发展的新纲领，对城市发展产生深远影响。

当前，首都的发展已经进入从中等发达城市向国际化大都市迈进的新阶段，在全球化、国际化、城市化、市场化和利益多元化的大背景下，国内外经济环境错综复杂，不确定、不稳定因素增多，首都发展面临的挑战更大、任务更加艰巨。具体表现在人口规模过快增长和资源环境承载压力进一步加大；产业结构优化升级的任务十分繁重，自主创新能力、综合竞争力和产业发展的内生动力还不够强；城乡二元结构导致城乡之间发展差距依然存在，城乡接合部矛盾凸显；文化影响力和软实力亟须提高，以旧城保护为核心的文化名城建设需要探索更有力的实施机制；宜居城市建设任重道远，住房、交通、公共服务、土地开发以及劳动力等生活成本和创业成本逐步提高，已经成为北京建设宜居城市的重大问题；区域协调发展机制尚未健全，首都对区域发展的辐射带动能力尚没有完全发挥。

从特大城市发展的规律看，推进经济、社会和城市发展方式转型，实现城乡又好又快的科学发展，是符合经济社会发展方向的。因此，应当将新转型、新发展、新生活，作为未来首都城市科学发展的战略选择。

（1）促进新转型。以创新型城市发展为引领，以推进发展方式转变为核心，以缓解人口资源环境矛盾和提升资源环境承载能力为阶段目标，协同推进经济产业结构和城市空间结构的战略调整，加强京津冀区域协调发展，拓展承载空间，提高承载能力，促进城市转型发展。在这一过程中，城市发展的转型（即由服务型城市向创新型城市转型）、经济发展方式的转型、社会发展的转型，是三位一体的。

（2）加快新发展。以着眼世界城市建设为努力方向和内在动力，落实"人文北京、科技北京、绿色北京"行动计划，推进工业化和城镇化协同发展，以低碳经济发展带动产业结构优化升级，以产业发展带动就业增长，努力实现经济社会城乡又好又快发展的阶段目标，为早日建成现代化国际大都市奠定坚实基础。

（3）创造新生活。作为迈向现代化国际大都市的北京，"城市让生活更美好"同样也是城市发展惠及民生、提高百姓生活质量的愿景，是首都发展新阶段新目标的形象体现。"十二五"期间，首都城市发展应以"可持续的和谐城市创造新生活"为理念，在搞好各项公共服务设施建设和人居环境建设的基础上，以低碳理念推进人们生活方式的转变，使城市发展更加可持续与和谐，使生活在这座城市中的百姓生活得更加美好。

后奥运时期，在城市以新转型、新发展、新生活作为未来发展的战略选择背景下，作为城市六大高端产业功能区之一的奥林匹克公园是实现上述目标的重要区域。

奥林匹克公园是一个承载了几代人梦想、无数人辛劳，并充分展示了中华民族智慧的场所，无论是在历史长河中还是在城市格局中，都具有极为重要的地位，因此它必定成为北京乃至全国及世界上最有影响力的区域，应在此基础上赋予它更高的期望，使它的能量向更广更深的空间扩展。首先，奥林匹克公园应代表大国首都的形象和气质，成为提升北京国际影响和国际地位的核心地区，突出展示我国自改革开放以来的物质与精神文明成果；其次，奥林匹克公园应成为充满活力、市民喜欢的城市公共活动区域，应借奥运成功举办之势，突出体育文化、国际交流、会展旅游、休闲娱乐等职能，成为世界人民的欢庆舞台；再次，结合市政府最新提出的发展理念，奥林匹克公园及其周边地区应成为集中体现"人文北京、科技北京、绿色北京"的示范基地；最后，奥林匹克公园应成为北京市高端产业发展的承载地，带动北京产业升级，成为未来发展的强劲动力源。进而提出奥林匹克公园的赛后利用规划策略。

（1）完善功能。奥林匹克公园的现有建设主要是为满足成功举办奥运会的要求服务，而相对于城市发展，其功能还有待完善。目前，奥林匹克公园仍有 113hm^2 用地尚未建设，应科学合理利用这些用地来完善公园功能。在完善功能时，应确保中轴线空间形态的完整，强化中轴线的体育文化功能，为国家级、市级大型文化设施预留充足用地；同时，公园与城市接驳区域的用地功能应与周边成熟地区的城市功能相协调。

（2）适当提高土地利用效率。奥林匹克公园占地面积较大，规模远远超过世界任何一个奥林匹克公园或著名园区，而建设强度较低，按照此前的规划，公园全部建成后平均容积率为 2.66。土地资源是最为珍贵的城市资源，奥林匹克公园位于城市中心地区，应更加注重土地的合理集约利用。应在保护奥运遗产，并确保建设规模与基础设施承载量相适应的前提下，在未建设用地上适当提高建筑密度和强度，同时使预留用地得到适当应用而避免闲置。

（3）优化空间环境。奥林匹克公园内现有建筑体量由于功能要求明显大于周边地区，空间格局尚未融入城市肌理；此外，由于公园内部交通不够便捷，大型公建可达性较低，加之休息设施比较缺乏，使人感觉公园尺度有些超大，步行环境不够舒适。在后奥运时期，应进一步优化公园空间环境：在充分尊重并强化奥运景观的同时，一方面，通过在公园与城市空间接驳区域，缩减建筑体量、完善步行设施并增加对公众的日常服务功能，来加强公园与城市肌理的结合；另一方面，适当增加供市民欢庆、休息等人性化设施，提高公园舒适度。

（4）建立统一的管理与协调机制。我国奥运会场馆业主大多缺乏大型体育场馆的运作管理经验，同时更缺乏国际体育产业运作管理经验，因此应成立北京奥林匹克公园管理局和场馆战略联盟。管理局负责公园公共空间与公共设施的规划建设与管理运营，为场馆及建筑业主提供服务，如协调业主与各政府机构的关系，为奥运会场馆的业主搭建国际体育交往的平台，等等，从而为场馆运营创造良好的环境。场馆战略联盟可以整合奥运会场馆业主集体的力量，使奥运会场馆在面对国内外体育场馆竞争的过程中处于有利的地位，同时也能够避免体育场馆内部的无序竞争。

（5）加强城市设计并将其纳入城市规划管理。为了避免在区域快速发展的同时，出现区域环境质量下降、空间杂乱无序、形象特色趋同等问题，需要在完善区域控制性详细规划的同时，编制区域城市设计并将其纳入城市规划管理系统，实现规划、设计和管理之间的有效衔接。城市设计主要包括空间结构总体控制要求、开放空间系统控制与引导、建筑实体控制、城市家具设计 4方面的内容。同时，应该避免城市设计停留在编制阶段难以付诸实施的问题，可以通过结合已有的城市规划体系，如结合控制性详细规划，利用"城市设计导则"和"许可制度（规划或建设许可）"来落实城市设计，使城市设计真正起到提升区域空间质量的作用，使区域无论从形态、边界、识别性，还是在空间、密度、文化以及服务设施方面都体现出它的个性特征。

日本公共环境艺术发展特点的调查研究

丁圆　《第五届全国环境艺术设计大展优秀论文集》

关键词：公共空间，环境艺术，区域特点，实施策略

1 研究背景与研究目的

1.1 研究背景

伴随着中国城市化和工业化进程，城市人口和规模也在不断扩张，据国家统计局网站信息，2011 年末中国城镇人口达到 6.9 亿，首次超过农村人口。随着城镇居民的生活水平的提高，对城市绿地系统、公共活动空间和文化设施的需求越来越高，不仅仅局限于功能和规模，而且更加关注环境品质和氛围。公共艺术作为提升环境品质和艺术氛围的重要手段，越来越受到城市建设者和设计师的重视。日本自明治维新以后，就开始大量模仿西方发达国家的做法，在公共空间中积极植入公共艺术作品，一度甚至泛滥成灾。如今，日本找到了一条符合自身条件发展之路，摸索出一套相对成熟的管理模式。无论是公共环境艺术策略，还是组织实施具体方法和步骤，其经验教训都值得我国学习和借鉴。

1.2 研究目的和方法

本次调查研究主要目的是通过一手资料收集、整理和归纳分析，总结日本公共环境艺术发展的阶段性规律和区域特点，并为中国城市公共环境艺术化设计提供借鉴。

研究方法主要侧重于现有资料的收集和实地踏勘、观察的现场调查方法，强调现场性和真实性。通过日本的图书馆、一些学者掌握的研究资料和直接向相关行政只能部分直接索取的方式，配合正式出版的图书、论文和网络信息，较完整地掌握日本的公共艺术发展经过和现状问题点。同时，选择较具有代表性的区域作为实地调查对象，通过现场观察、记录、询问等方式，收集第一手现场资料。进行资料归纳和分析，找出实际操作层面上问题点和解决问题的方法。

2 日本公共环境艺术发展阶段及特征

2.1 明治维新后的纪念性公共雕塑

2.1.1 日本在明治维新前（1868 年前）

明治维新前所谓的公共艺术可能只是石、木雕刻制作的佛像、神灵和其他崇拜物，以及建筑物内外的一些绘画、雕刻、金属工艺品。这些艺术品和装饰被供奉在寺庙、神社、陵园等特殊场地，但与现代意义上的公共环境艺术有着本质上的区别。

2.1.2 明治维新后（1868 年至 20 世纪 40 年代的二次世界大战）

明治维新后出现了纪念碑似的雕塑，多以铜像和石像居多，

伫立于重要街道的显眼位置、公园和广场核心位置，以及大学、政府机关和公共建筑的入口、门厅、内庭院等。纪念碑似的雕塑包含雕塑本体、基座、踏步、石板刻说明文等，也有纪念塔形式。主题内容方面包括纪念伟人、名人、领袖、代表人物的人的纪念雕塑和重大历史事件的纪念。特别是纪念战争中人物和事件成为这一阶段的重要主题，日本国内的戊辰战争，以及对外的中日甲午海战、日俄战争等人物的纪念碑纷纷建立起来。如"明治纪念的标"在6m高石质座基上，伫立起高达5.4m的日本武士铜像。很显然，这种以前没有出现过的设置于公共场所的大型雕塑受到欧美户外雕塑的影响，并且随着近代工业冶炼和翻模技术发展而日趋成熟。

1887年以后，出现了大量的人像铜像伫立在日本全国各地，纪念碑似的雕塑被社会所认可，成为一种表达社会意愿和记录一些著名人物事迹的有效手段。如"西乡隆盛像"（1898年，上野公园）、"楠木正成像"（1890年，皇宫前广场）。

由于大量纪念性铜像的泛滥，使得政府不得不加以约束和规范。1900年，日本内务省规定建设铜像必须得到内务省或者地方行政长官的许可，特别是在日本国内核心地区的东京、京都和大阪必须得到内务府大臣的审核同意方可建设，以避免大量粗糙的铜像充斥公共空间。

1943年，由于战争中物资及其短缺，日本内阁府制定政策大量回收铜像，用于战争所需。据当时的调查报告显示，日本全国有944座铜像，仅仅保留了61座有重要纪念意义的雕像。

2.2 公共艺术概念的导入后时期（20世纪40年代的二次世界大战后期至20世纪末）

第二次世界大战后的日本，根据联合国军总司令部（GHQ）的命令，撤除了大量具有浓厚宣扬军国主义色彩的铜像和纪念碑。进入20世纪50年代后，出现了大量与战争和军国主义无关的文人、学者像以及宣扬"和平"、"爱"、"希望"等展望未来主题的雕塑。裸体、半裸体的普通女性、怀抱孩子、放飞和平鸽的铜像等出现在城市公共空间中，以突出展现人和人性为目的。雕塑设计制作的风格也抛弃了伟岸、夸张和严肃，转向了柔美的线条、亲和的比例关系和端庄温和的表情。

伫立在三宅坂公园最高法院前的菊池一雄的"和平纪念像"（1950年），是三位裸体女性构成的雕像，充满了爱和希望。这个雕塑是建立在1923年北村西望做的"寺内正毅骑马像"的基座上的，由战前的展现军人，弘扬威武军威的骑马雕塑演变成展现女性柔美，带着梦幻般的憧憬，向往和平未来的女性和孩子群体像，其内容本身就揭示了社会整体思想意识的转变，同时公共空间的意义也发生了变化。这些铜质雕塑位于公园、公共广场、街道的开敞处的一角，有时位置并不是特别显眼，但是主题明确，一瞥之间倍感亲切。

20世纪50年代后，结合生产厂商的赞助和产品展销，在武藏野市雕塑家们制作了一批户外雕塑作品。生产厂商提供赞助，主要用来宣传自己的水泥制品，例如白水泥。这一时期的公共雕塑展都带有一定的利益性，都和厂商的产品宣传一定的关系。

20世纪70年代开始，各地方纷纷开始尝试用公共艺术来改善恶劣的城市生存环境。宇部市和神户市都规定了城市绿化面积指

标，并开始投入公共资金用于购置优秀艺术品，美化城市公共空间环境。宇部市的雕塑运动和现代日本雕塑展，神户市"神户须磨公园雕塑展"，作为鼓励艺术创作和选择优秀作品的重要方式。旭川市设立优秀雕塑作品奖，鼓励创作优秀艺术品，并且在1972年，首次在火车站前的步行商业街设置雕塑集群，来展现旭川市的独特的地域风情。1973年，长野市设立长野市野外雕塑奖，不仅评选优秀的作品，也奖励已建成的艺术作品。

20世纪80年代以后，日本国家及地方的经济实力大为提高，国民富足，从中央到地方政府开始大量投资建设公园、广场、街道等城市公共空间。因此，带来了公共艺术的空前繁荣和长足发展，公共艺术及设计理念深入人心。同时，除了选拔作品展和评选优秀作品设置于公共空间以外，各种形式和材料的雕塑、装置、城市家具和艺术造型纷纷开始装饰城市公共空间，甚至延伸至公共建筑的门厅、大堂、过道、内庭院等，形成层次丰富的城市公共空间的艺术结构。

2.3 21世纪新趋势

源于日本与西方发达国家达成的广场协议，造成了日本经济的10年衰退。持续的经济低迷，无论中央还是地方财政都面临了严重的财政赤字，无力投入巨额财政资金用于建设和维护公共环境艺术。但是，城市需要更替发展，环境需要提高品质，一些大地产开发企业意识到开发的潜在价值。例如，森不动产、日本三井不动产、丰田汽车公司等大企业集团公司通过合作开发，依托车站等城市交通枢纽，建立崭新的开发模式和富有个性的公共环境。

在这些新开发的城市综合体中，公共艺术并不作为单纯的空间装饰或者点缀，而是被纳入整体环境设计当中。艺术家、艺术策展人等艺术创作者与建筑师、景观设计师、室内设计师以及艺术设计师共同组成技术专家团队，共同合作，制定完整的公共环境艺术策略，使得艺术与建筑环境更加紧密结合为一个整体，艺术作品可以更好地服务于环境，真正成为公共空间的灵魂。

例如，丰田汽车公司开发的名古屋车站前总部大楼开发项目，该项目包含商业、汽车展示、办公、教育等多种功能。整个建筑环境设计以绿色环保为主题，除了绿色建筑设计理念以外，在艺术家整体规划下，地上地下各个出入口都设置了各种形式的绿色装置艺术品，有结合高程变化设计的绿色台地，也有大小不一的象征绿色地球装置艺术作品和商业空间顶部可变色的云层装置。所有的环境艺术设计都在宣传绿色环保的新观念，促进公众反省现有生活。

3 日本公共环境艺术的区域特点

东京的六本木地区是一处再建的现代化商业区域，从城市规划角度来看，它集中体现了近阶段日本环境艺术设计的水平和发展方向。六本木区域泛指由2003年建成的六本木之山（六本木hills）、2007年建设的东京中城（Tokyo Midtown）和日本国立新美术馆组成构成的新型商业文化区，成为东京最新潮的文化和艺术的中心。事实上这三处相隔几条街区的商业和文化综合设施，是由商场、写字楼、高端酒店、高层住宅公寓楼，以及美术馆、公园绿地组合而成，特别是最早的六本木之山的建设，不

仅彻底改变了六本木地区的形象，也创造了崭新的城市改造开发的商业模式。

六本木地区的公共艺术设计集中体现了现代感，无论是放置的雕塑和装置，还是公共服务设施和小品，都经过了仔细地考虑，追求完美的细节设计。使用材料范围宽泛，既有传统的石材和木材，也大量使用各种金属合成材料。例如位于东京中城（Tokyo Midtown），由日本三井不动产开发，包括高档写字楼、高级饭店（The Ritz-Carlton Hotel）、豪华购物中心一体成型的城市综合体。东京中城由安藤忠雄、隈研吾、青木淳等多位著名设计师及设计公司联合打造。东京中城的公共艺术策划是由日本著名艺术策展人清水敏男先生和法国著名策展人前蓬皮杜馆长让·休伯特马丁先生负责，无论内部还是外部四处都充满着浓厚的艺术氛围。清水敏男先生是日本著名的艺术评论家、日本学习院女子大学教授，多年来一直从事策划展览、艺术活动和公共艺术品的创作。从最初计划方案的开始，艺术策划指导与艺术家介入、项目业主、建筑师、景观设计师和室内设计师等所有相关人员都紧密合作，使计划得以顺利进行，实现了建筑、环境与艺术一体化的和谐城市艺术环境。

3.1 放置的雕塑和装置

清水敏男和让·休伯特马丁两位艺术策划人精心挑选了活跃在世界各地的艺术家的作品，特别是入口处的一组黑白石质雕塑，格外引人注目。这组雕塑由著名的日裔意大利艺术家安田侃设计完成，取名"意心归"和"妙梦"，分别位于入口处和入口处的地下一层，通过上下贯通的一处采光井相联系。地面的雕塑是黑色的立像，中间为圆形的空洞。地下为乳白色不规则椭圆的平躺卧像，中间为椭圆形的内陷空洞。这组雕塑作品色彩黑白对应，虚实相间。雕塑线条柔和，选材考究，色泽温润，体现了内在的力量和欢迎之意。

3.2 公共服务设施

整个公共服务设施设计包含了导视系统、标牌、座椅、废物箱、广告等，所有物件都经过了仔细设计，形成了一体化风格。特别是导视系统和休息座椅，都经过了仔细推敲，无论是设置位置还是造型设计，都体现了艺术设计感。如铺装与座椅采用同一种材料，弯曲的线条直接与地面相接，形成从地面直接生长起来的样子。废物箱除了分类收集以外，其造型简洁朴素，拉丝不锈钢面材还便于清洁。投递口形状与大小和投递物有直接关联，特别是下部采用网格状透明设计，使得人们能够清晰地看到内部物体的品种、大小、色彩，既便于清理，也可以起到防恐的作用。广告和标示采用自发光的箱型载体，黑色金属烤漆，没有多余的符号和色彩。

3.3 环境设计

开发模式提倡城市环境和艺术的新关系，重点在于打造城市综合体的各种艺术空间环境。环境艺术设计体现在体验和细节上，六本木之山的二层的室外中庭，几何线性分割，中间用地形和绿地分割出不同大小的休息空间。木质的地板与石材铺装相结合，并区分交通空间和停滞休息空间。同时，六本木之山还刻意保留

了原基地的一处传统园林，并加以改造，形成现代与传统的结合。东京中城的中庭精心构筑了巨大树桩支架支撑起半室内的过渡空间，连接两处主体建筑物。地下通道的出入口顶部采用了玻璃顶，水从两侧暗藏的水口喷出，形成分级跌落流水，增加了动感。建筑后部的庭院，中间是层层跌落的流水和砾石、低矮草本地被植物、点状栽植的乔木搭配形成的中心景观带，强调了空间层次，又不阻碍视线的贯穿。中心景观带的两侧，是大小不一、色彩各异的砾石带。涌泉隐藏在砾石下面，喷涌的加气白色水柱与粗糙的砾石形成很好的软硬对比。庭院的顶端依旧保留了部分原有的建筑物，爬墙虎类攀爬植物覆盖在建筑物上。转角处是由著名建筑师安藤忠雄的小型美术馆，覆盖灰色金属面材，尖锐地切割，轻巧地延展。虽然是体量极小的建筑物，但依旧经过严密的体量推敲，并与周边环境融为一体。宁静的空间，静静地欣赏空间带来的艺术氛围。

艺术不仅美化了城市，感动人们的心灵，扮演了为都市注入新的生命力的角色。

4 小结：公共环境艺术发展的新趋势

日本公共环境艺术发展经历了明治维新前、明治维新后至第二次世界大战、第二次世界大战后至20世纪末和21世纪至今的四个大的历史发展阶段。明治维新前多为传统石像的纪念性或者宗教性雕塑，雕刻形体端庄、厚重、朴实，没有夸张和装饰。明治维新后，在全盘西洋化的思想影响下，西方艺术思维方式也深入人心，仿西方英雄式崇拜的铜质雕塑充满日本各地的主要广场和街道。并随着军国主义思想的漫延，一时发展到了不得不加以约束的状况。第二次世界大战促成了满街铜质雕塑的终结，一方面依赖进口金属原材料战略物资的短缺，促使执政当局大力限制并撤除回炉铜质雕塑，另一方面战后的占领日本联合国军清算并拆除大量具有军国主义色彩的公共雕塑。和平宪法确定了日本和平治国的基本思路，随着经济的复苏和快速成长，宣扬和平、仁爱、平等、自由的雕塑纷纷建立。柔和的线条，恬静的笑容，充满对美好生活的追求和向往。其后，各级地方政府积极推动公共环境艺术的发展，尝试各种不同艺术方式，创作了风格、形式、内容、材料各异的艺术作品，包括石质、铜质、不锈钢、木质、混合材料的雕塑、装置，也是日本公共环境艺术创作最活跃的时期。

21世纪来临，随着泡沫经济的破灭和持续的经济低迷，公共环境艺术创作缺乏公共资金投入，出现了停滞状态。日本的大企业认识到特色环境建设的重要性，开始紧跟时代步伐，推陈出新，出现了两个积极的新趋势：一个是通过积极邀请艺术家的介入，开发具有整体环境艺术风格特点的城市综合体，凸显了艺术家与设计师之间的横向联系；另一个是公共艺术作品摆脱了环境点缀的身份，与公共空间融为一体，真正成为公共空间的主角。

纵观日本公共环境艺术发展的历程，我们可以认识到发展城市公共环境艺术不仅需要在艺术创作领域的思维提升和创作手段的综合运用，更需要增加投资机构的多元化和积极性，把投资品牌效应与艺术投入相结合，提升开发整体环境效益。其次，公共环境艺术设计涉及专业领域宽泛，需要集中艺术策划、雕塑、设计、技术等各领域的专家学者的智慧。在整体命题策划思想和创作概

念的指导下，各尽其才，共同打造。

参考文献

[1]（日）柴田葵 . 文化の1％システムの日本における展開 . 文化
経済学 ,2009.

[2]（日）柴田葵 . 世界近代彫刻シンポジウムの成立：東京オリ
ンピックを背景とした野外彫刻運動の推進 . 文化資源学 第7
号 ,2009.

[3]（日）後藤和子 . 芸術文化の公共政策 .

[4]（日）後藤和子 . 文化と都市の公共政策——創造的産業と新し
い都市政策の構想 .

[5]（日）日本学術振興会 . 活動報告書——芸術と社会：自治体文
化政策とアウトリーチ .2007.

[6]（日）工藤安代 . パブリックアート政策——芸術の公共性と
アメリカ文化政策の変遷 . 勁草書房 .2008.

微观权力视野下的城市公共空间设计

薛彦波　仇 宁　《中国园林》 2013 年 10 期

摘 要：在现代社会里，微观权力通过规训手段培养符合规范和纪
律的社会人，以保证社会低成本、顺利地运行。空间是微观权力
得以运行的基本物质条件之一。在城市公共空间中，微观权力的
行使具有丰富的层次，如专业知识权力、规训空间权力、监视权
力以及审美权力等。从微观权力的角度讨论公共空间的设计问题，
有助于引导设计师充分认识公共空间对人们意识与行为产生的深
远影响，有利于设计师更加深刻地认识本职工作的社会责任和义
务，从而提高其准确地使用设计语言的自觉性以及提升方案的社
会人文性。

关 键 词：风景园林，公共空间，设计，微观权力

城市公共空间对于人的意义是通过人在其中生活并对其进行
个人化的过程中产生的，这里的"个人化"不仅有个人对环境所
施加的影响，也包括个人对场所的认同与接纳，比如对于积极因
素的认可与欣赏，对于消极因素的抵触与回避，还有对于规则、
习惯和禁忌的沿袭和遵守等。阿摩斯·拉普卜特认为，建成环境
总是以一种"非语言表达方法"向人们提供线索，"人们靠这些
线索来判断或解释社会脉络或场合，并相应行事。换言之，影响
人们行为的是社会场合，而提供线索的却是物质环境。"[1] 空间
环境影响人们的知觉感知和意义判断，进而诱导人们做出恰当的
社会行为——这正是福柯所谓的"微观权力"发挥作用的表现。

1 无所不在的微观权力

福柯认为现代社会里存在着散布于各种关系网络之中的权力，
它与国家机构、法律制度这些自上而下的宏观权力不同，不是通
过暴力、强制性或惩罚性的手段来保证权力的实施，而是通过一
整套系统的柔性规训手段， 让人自觉地按照权力意志所规定的方
式行事，达到权力的目的。福柯称这种无处不在的权力关系为微
观权力。在现代社会里，微观权力的构架已形成全方位的网络，
整个社会就如同一个巨大的规训设施，其中，空间是微观权力得
以实施的基本物质条件之一。微观权力通过对空间的封闭、定位、
时间限制、监视，结合对空间中人的"动作、姿势、言语加以规
定和改造等规范化技术，把不合常规的（精神病人、越轨者），不
规范的（新兵、学徒工）或未定型的（儿童）个体制造成'驯服的
肉体'"[2]。所以，现代社会里微观权力的重要目标是培养符合
规范和纪律的（驯顺的）社会人，以保证社会低成本、顺利地运行。
从这个角度讲，微观权力的作用是积极的、建设性的，它在刺激
进步的同时使自身得到强化，又通过增强自身的力量来加强对社
会的约束与控制。

相对于传统权力，微观权力的行使方式是稀释的、弥散的、

温和的，其实施过程作为一种对人进行规训的手段，其实质是使人把外在规则内化为自觉，从而使人对自己实施管理，对自己实施权力。如此，微观权力成功将传统权力运行模式中外在对立的压制力转化为内在的自我约束，从他律转向自律，人对权力的服从则从被动转向主动。在微观权力的运行模式中，每个人既是权力的施与方，同时又是承受方，有时候施展权力的既不是个人，也不是特定的组织，权力只不过是在各种关系中根据其作用而被行使[3]。这样一来，支配者、被支配者这种古典的二元对立被消解，权力成为"一台巨大的机器，每一个人，无论他是施展权力的，还是被权力控制的，都被套在里面"[4]。微观权力的规训技术"使权力的效应能够抵达最细小、最偏僻的因素。它确保了权力关系细致入微的散布"[5]。随着控制手段越来越高明，权力运作技术越来越隐蔽，人们渐渐习惯了微观权力的约束管理，有时甚至感觉不到它的存在。"它能使权力的行使变得完善……减少行使权力的人数，同时增加受权力支配的人数"[5]。此时权力的行使不再是强制或者限制，而是一种复杂的、柔性的影响、干预或支配[6]。

在微观权力行使的过程中，空间的作用非常重要，因为权力意志必须在空间中得以落实和调整，然后通过对人行为的约束将规则置入人的内心，进而对社会关系和社会实践施加影响。如此，空间环境也通过对人行为的约束进而影响其意识，成为微观权力的实施工具。与福柯曾经研究过的监狱、学校、军营等典型的规训空间相比，城市公共空间中的微观权力要更加柔软和隐蔽，它甚至不是依靠规范、纪律和训练等手段，更多的是通过暗示与引导，来达到规训的目的。

2 城市公共空间设计中的微观权力

2.1 设计规范：专业知识权力

福柯认为知识促进权力的生产，而且知识本身就是一种权力。凡是具有某种特殊技能或专门知识的人，就享有专业知识权力。"掌握知识的人其实也就是掌握权力的人。在现代社会中这点表现得尤其明显。我们的专家制度，在各行各业都需要专家级的权威人物来制定规范，管理事物，维持权力的运行。"[7]事实上，设计师职业本身也是知识作为权力运作的表现。

城市公共空间的设计出自具备专业知识的群体，如城市规划师、风景园林或建筑师等，他们的工作要遵循相关专业技术规范的指导。设计规范作为相关权力部门及专家意志的体现，首要目的在于保证空间环境基本功能、公共安全和公众的基本权利。例如，城市规划设计规范对用地中的建筑密度、日照间距及绿地率等指标的控制；道路系统的设计规范对不同级别的道路宽度、转弯半径和坡度的规定；消防规范中关于消防通道宽度、高度及疏散距离的规定等。这些规范以城市规划、建筑及风景园林设计领域的专业知识为基础，控制人居环境的规模、形式及组织方式，同时对环境中人的行为进行有力的规范和约束，以确保大多数使用者的基本公共权益。

在城市公共环境的微观权力系统中，作为知识权力的设计规范所规定的内容较为重要和外显，如果得不到恰当的回应，容易导致相关功能的缺失。从权力的角度看，设计不满足合理的规范要求不仅是专业水平高低的问题，还可能侵害使用者的公共权益。

以无障碍交通系统为例，其目的是为了让残障弱势群体能够平等地利用和享受城市公共空间，如果无障碍设施的设置不符合规范要求，徒有其表，则难以较好地实现其功能。

2.2 空间的规训权力

公共空间中的规训权力机制不是允许和禁止的二元对立，而是要温和隐蔽得多。它通过空间手段对人的行为进行组织、区分、排列等处理，进而经由合规范者行为的对比和示范，让不规范者感受到其越界之处及由此带来的差异、同化和排斥，形成遵循规则的压力，达到行为引导和规范的目的。

从权力的角度看，空间功能分配具体化的过程就是权力支配明确化的过程。在一些城市公共空间中，当空间的分配细化到一定程度，其空间属性、功能及利用方式等已经不需要图形文字的标注，仅通过空间及景观语言如地面铺装、公共服务设施、植被绿化等提供信息，就足以引导人们以合乎规范和礼仪的方式行动。北京望京某购物中心的内院中，几组色彩鲜艳的环形休息坐凳就明确地点出了空间的功能属性。

再以北京三里屯 VILLAGE 的下沉广场为例，其地面铺装材质的变化不仅仅是材料质感和色彩搭配的需要，同时示意了空间属性的微妙变化以及对人不同活动行为的引导。步行干道部分地面采用平整的浅色石材铺设，利于通行，而设置了坐凳的休息区域采用了不便行走且不易清扫的散碎石地面，这种搭配传递出微妙的信息：这里是休息区，但如果不是特别需要的话，请勿使用。

恰当的空间设施引导得体的行为，反之亦然。在城市公共空间中经常能见到一些在公共区域护栏坐卧的人，睡卧者身下的挡墙较高，观之不仅姿态不雅，且非常不安全。游客行为固然不当，但公共设施设计少有错误：两个台地间高差超过 0.7m 时较高的台地外侧应设护栏，但如果护栏高度低矮且顶面较宽，倒更像是石凳，传递出可坐可卧的错误信息，有人坐卧就不足为奇。

从城市公共空间中微观权力实施效果的角度看，精心的设计是一方面，另一方面则要求人们有足够的修养和敏感性去体会设计意图，两者结合，再假以时日，人们的行为习惯就会向微观权力所期待的方向转变。公共空间设计对人行为的影响力度还取决于设计方案的水准：空间语言越是暧昧晦涩，其对人行为引导约束的作用越不确定，反之亦然。

2.3 监视的权力

微观权力立足于一种符合社会需求的评价标准，并通过各种方式监视人们的举动，控制越轨行为。微观权力既是可见的又是不确定的，它是一种网络机制，无处不在，但权力的行使者是隐身的。"它能使权力在任何时刻进行干预，甚至在过失、错误或罪行发生之前不断地施加压力。它的力量就表现在它从不干预，它是自动施展的，毫不喧哗，它形成一种能产生连锁效果的机制。除了建筑学和几何学之外，它不使用任何物质手段却能直接对个人发生作用"[6]。

监视是公共空间中微观权力实施的重要手段，它将被监视对象置于微妙而持久的规训压力之下。在公共空间中，除了人们之间的相互监督，还有遍布城市公共空间（街道、广场、社区内部等）的电子监控镜头等其他措施。这些监视的力量尽管含蓄而不着痕迹，但它无孔不入，得到具体而微的实施。长期处在这种监视之下，人们会从被监视者逐渐自觉地变成了监视者，甚至是自己的监视者[4]。随着信息技术进步，数码相机、数码摄像机和手机等音像记录设备日益普及，声音和影像的采集手段不断增多，人人都成为全景监控网络上的信息采集点，共同完善全方位的监视系统[8]。现代社会里，各种监视力量已经成为我们生活的一部分。

监视手段通过自己的预防性能、连续运作和自动机制使微观权力的运作更有效率。有较大影响的 CPTED 理论（以环境设计预防犯罪）基于这样一种认识：适当的设计和环境因素的有效利用能够减少犯罪并改善生活品质，而其采取的手段中非常重要的一条就是自然监视，即通过对环境及人的活动进行设计布置来扩大可见度，鼓励私人和公共空间的使用者之间积极地互动，以对犯罪行为产生震慑。CPTED 理论是对公共空间中监视权力较为典型的运用。

2.4 审美权力

将游离在权力关系之外的艺术与微观权力联系起来看似悖谬，但我们讨论的公共艺术是公共空间中客观存在的、带有一定强制性的力量：无论人们是否喜欢，它都会存在并对环境面貌、居民心理及其审美品位培养产生影响。它虽然不约束人的行为，但间接地参与公众素质和人格的培养，因而从规训的角度具备微观权力的属性，与不完善的空间功能设计相比，拙劣的公共艺术的负面影响要更大，也更长久——前者最多是使用上的不便，后者可能在审美取向的培养甚至社会风气引导等方面具有消极作用。所以，公共空间艺术品位的把握兹事体大，不可轻忽。

3 公共空间中微观权力对设计的启发

如拉普卜特所言，建成环境的一个重要功能就是引发按某种可以预料的方式来行动的倾向，同时阻止另外一些行动的发生[1]——这也是微观权力的行使方式。在公共空间微观权力的各个层面中，规范权力、规训空间和监视是通过空间环境语言对人的行为进行约束、阻止、暗示或引导，间接干预人的行为方式；审美权力虽然不会直接干预人的行为，但会潜移默化地影响人的审美判断，进而间接影响其观念意识，其重要性不言而喻。

如果把公共空间设计看作是权力语言信息的编码过程，那么使用者可以看作是信息的解码者，城市公共空间中微观权力的行使效果，不但要看语言信息编写得如何，还要看使用者的理解接受能力。在现代社会的城市公共空间中，由于不同的文化和亚文化都受到尊重，各种形式和意义相互混杂，这使得环境的信息变得不清晰了，再加上环境使用者的性别、年龄、种族、教育背景等千差万别，导致公共空间微观权力的引导作用被离散化：一种形态或许对某个特殊群体具有权力的约束作用，而对于其他人却可能不知所云。此时，为了让环境的意义可以被更多的人解读，使微观权力的行使延伸到更大的范围，需要采取有针对性的策略。一种方法是在开放性的、流动性的公共空间尽量使用易于接受的通用语言，从而使环境体现为均质化、普适化的趋势，其优点是可以最大限度地扩大受众群体，缺点是有时不可避免地要丧失特色和深度。另一种方法是通过形式语言的重复、强化和夸张，形

成信息冗余，给人留下深刻印象，达到信息传递的目的。

4 结语

权力不是一种自上而下的制约力量，它根植于现代社会文明的复杂关系网中，在引导和协调人们公共行为的同时，于空间、个体的人和主流社会对人的预期之间建立起积极联系。从微观权力的视角分析城市公共空间设计问题，并不是将权力问题泛化、庸俗化，而是试图引起设计师对社会、城市公共空间与人们的行为意识之间关系的思考。从微观权力的层面理解城市公共空间设计，有利于设计师更加深刻地认识本职工作的社会责任和义务，从而提高其准确地使用设计语言的自觉性和提升方案的社会人文性。

参考文献

[1] 阿摩斯·拉普卜特.建成环境的意义：非语言表达方法 [M].黄兰谷等译.北京：中国建筑工业出版社，2003：40；43.

[2] 罗小青.大众文化：作为温柔的权力规训：对福柯微观权力的批判 [J].学术论坛，2010(3)：57.

[3] 樱井哲夫.福柯·知识与权力 [M].姜忠莲译.石家庄：河北教育出版社，2001：210.

[4] 福柯等.权力的眼睛：福柯访谈录 [M].严锋译.上海：上海人民出版社，1997：158-159.

[5] 福柯.规训与惩罚：监狱的诞生 [M].刘北成，杨远婴译.北京：生活·读书·新知三联书店，1999：231；242.

[6] 李银河.福柯与性：解读福柯性史 [M].济南：山东人民出版社，2001：111.

[7] 马汉广.论福柯的微型权力理论 [J].学习与探索，2009(6)：184.

[8] 威廉· J·米切尔.我++——电子自我和互联城市 [M].刘小虎等译.北京：中国建筑工业出版社，2006：19.

加速时代数字艺术城市公共职能构想

彭涛 《艺术与设计(理论)》 2013年12期

摘要: 加速时代的公共文化之高端化倾向与技术性审美现象日益显著,由其所建构的全球当代都市文化景观,数字艺术正逐步扮演重要角色并引导将来之趋势。一方面,数字综合了多元学科技术,如科技未来观、数码交互空间、生物平台等;同时也重新构建起社会公共化职能形态。作为加速时代中的公共职能空间,数字技术承载了都市规模化与网络化的聚合与内爆,那么对于城市公共文化的设计拓展也将相应步入数字艺术的"职能"范畴。

关键词: 数字艺术,城市公共职能,速度学,信息高速公路,虚拟文本

数字艺术作为艺术概念的衍生与当前信息科学发展相互渗透形成的前沿学科,在这个不断加速与局域趋同化为特质的时代背景下,逐渐担负起在当下都市经济圈内向特殊文化服务与绿色低碳生活体系演变的基础与诱因,即对于在特定经济环境中,以及社会发展中所发挥的革新作用与关于生产、服务之重新分工,对于公共空间的作用及其概念的重新塑造。正如德国思想家瓦尔特·本雅明(Walter Benjamin)曾说过:"每一种形式的艺术在其发展史上都经历过关键时刻,而只有在新技术的变革之下才能获得成效,即借助崭新形式的艺术来寻求突破。"

数字艺术以数字化内容作为主要技术支撑,数字化内容依据信息源、信息传播与数据承载以可读的数位形式"0"和"1"方式保存,计算机对数据信息以数字化的方式传感采集,运用3D模块化技术、仿真拟像、虚拟镜头、超链接等对数字信息进行无限制的复制、碎片化、虚拟与创造,并以数字"比特"展示虚拟的现实。数字化内容革新了过去无法将虚拟的精神性浮想与拟像转变为现实的可行性,由其所创制的交互多向感知、时基同步传播、虚拟沉浸体验以及包罗万象的网络信息汇总等特性,彻底打开了真实与虚拟之间的界限。新媒体艺术与数字技术的结合转向了数字化艺术之构成方式,从而出现了如数字影像、CG动画、网络艺术、远程信息艺术、超文本、虚拟现实、生物技术平台等新兴数字艺术媒介类型。

1 加速的城市景观

当今由信息高速公路构建的后大众传媒文化,持续的加速现象完成了由具体地域的现实性(Reality)向时间的当下性(Present)的过渡转变。虚拟化、去物质化(Dematerialization)、碎片化以及永久性"暂存"效应已逐步成为当下都市景观的缜密结构与运作途径。替代过去传统的单频声像电子媒介,数字内容在因特网、交互(移动)平台上建立起的"城市数字景观",以包围式渗透、覆盖于城市公共空间(数字走廊形态)中的多元传播渠道,从而消解了以功能性、文化性、地域性以及历史性基于城市区域的物理性划分,是否被3G移动通信网络覆盖的区域已可能成为真实的边境线。基于时基媒介与卫星频道的实时效应、同步实况技术促成了跨地域的"时间即事件"之概念,生效于某一特定地区的特定事件在实时同步覆盖全球之后,因其当下语境与发生环境不复存在,进而基于速度学的此种意外效应,转译为甚至颠覆了原事件的初始价值与信息叙述,进而亚洲观众与欧洲观众经受不同地域文化偏见与理解思维的习惯性作用下,对发生于同一时间,同一事件的认知度却有极大差异。因此,速度学(Dromologie)在数字传输技术与后大众传媒文化的双重主导下,已深刻介入城市社会公共职能的各个领域当中。

美国著名未来学家阿尔温·托夫勒(Alvin Toffler)在其《未来的震荡》中指出:"许多大众传媒与通信对相当数量观众的依赖程度正在减少,所谓'区域'的分裂过程正在以燎原之势蔓延。"以数字网络为主的信息高速公路以一种超越大众传媒的势态,变革了大众对于外部事物感知方式与处事机制。一方面,它交集了人们的综合感知觉,并于此基础之上实现了于我们感知觉与经验习惯中输入"游牧思想"的认知,都市化生存仅为某种数字旅行的驿站(暂存)而已;另一方面,当网络交互平台、虚拟沉浸技术使得受众更具针对性、深入地摄取自己所需要的信息的时候,过去前速度时代的被动式授权已蜕变为以个体为中心的主权时代,个体掌握了传播权利与主动选择之权利,接受信息的受众在沉浸数据网络的同时也具有传播信息的"信息作者"双重身份,"受众"这一身份概念失去其存在的历史条件,并随着大众传媒一起从媒介的承载与指涉中消失。因此,散落于城市各部分传播渠道与媒介之间出现了许多共性及局部功能上的相互交叉性与融通性,在共同融入信息高速公路而奠定"加速景观"之同时,也促使了社会职能作用与角色分工的融合统一。

因此,诞生于后大众传媒语境中的数字艺术,集中体现在时间速率概念上的影像、声音、文本等要素,它们被归结于"时基媒体艺术(Time based arts)"的名下,在其强调视觉的虚拟架构与人体工程学(触觉的虚拟架构)重要性的同时,信息的时效与传输序列的多层次投射则彻底替代了过去录像、摄影、电视艺术的"静态噪声",直接将作品的形式转变成内容本身,而想法与观念也成为艺术语言的"叙述本体"。过去艺术家始终追求的对艺术理解的多层释意与衍生性最终才会在数码技术层面上得以真正实现。

2 网络的虚拟文本

当荧幕的"频闪"不再是设置权限的冷媒介而成为无限交互与主动搜索的信息平台之时,数字艺术借以网络虚拟文本超越了现代大众传媒所构建的城市公共性职能,也超越了由一切现实性物质所组成的形式,很明显,荧屏本身也是物质。这使得网络虚拟文本与传统艺术如绘画、雕塑、单频录像、电影电视等相差如此甚远。热衷于流行世界各地网络平台上的艺术形式,已经彻底清除了语言与视觉之间,形式与职能之间的平衡障碍,"数字空间"将会成为等待于城市生存空间中被重新划分之领域,因为"图

像时代——马丁·海德格尔（Martin Heidegger）"的另一个隐藏的特征即是数据的视觉化、概念化进而公共职能化（新型能源的整合与公共空间的重塑），因为它们在信息的流通中会重叠，合并与自我修正。数码艺术领域中的一位专家曾说道："被划分的空间范围很广，从因特网本身这一庞大的通信领域到特定的数据库或网络通信过程均可划分。"这使数字艺术超越了传统艺术的社会职能，在预先设置的主页浏览器或数字屏幕中，信息其实已经组织好了，它使得使用者在更加主动、个人化授权、激进的创造中体验数字艺术技术。

美国 NET-ART 先驱，网络艺术家马克·纳皮尔（Mark Napier）以因特网、局域网为创作媒介，针对网络数码对全球地域文化的影响提出自己的艺术主张。在其作品中通过对数字网络虚拟文本的转译而生成的一种新兴数字艺术文本，从而对这个由网络划分"国界"的时代作出了深刻阐述。作品"骚乱——双向门户"是纳皮尔制作的一个既能改变诸如美国有线新闻网、英国广播公司和微软等网址，又能把许多领域和网页压缩在一起的一个"超现实网页浏览器"。它为观众提供了一次特殊的跨界与交互体验，虽然观众可以在同一个界面中同时浏览上述几大门户网站，但是这种浏览却是非线性的、破碎的、交叠的，因此信息的错位与断裂在纳贝尔的重置中获得一种全新的阐释意义，即一种在不受这些超级链接机构所强制的界限和品牌效应所控制影响的范围内进行跨越性交互体验。

针对全球赛博空间（Cyberspace）热门议题，纳皮尔在其"完整呈现的旧约"中创制了一个虚拟的非物质空间来对其作出阐述。首先纳皮尔编写了一个作为对都市公共生活空间中的混乱轨迹隐喻的计算机自动生成图形软件，其所呈现的形象完全是非物质化、去具象性的，而后艺术家将这个图形软件链接到因特网上，当观众点击进入这个链接，输入个人的一些具体信息之后，这个软件就会依据输入者的个人信息继续自动生成更多的运行轨迹，最终成为一团无法识别的"轨迹云"。纳皮尔将受众设计到自己的作品中，以网络交互的方式传达了数字艺术在流通于全球范围内的这种"难以想象的复杂多层空间"的深沉体验与感知。

3 数字纪念碑

后现代多元主义的时代在持续的对时空概念的突破，以及驱散传统艺术的静态介质与实体性呈现的过程中，呈现出去物质化、虚拟性的从"静态到动态、缩短至拉伸、限定到游牧、公共及综合"的辩证统一关系。与此同时，人文、科技、政治、文化等社会承载性与城市公共职能，逐渐被形式美学（数字艺术表达的）归入语言的相互影射的关联之中而不再单独出现。那么在当代都市这样一个信息性特质独显的语境中，数字艺术以信息的时效性、虚拟与容量的倍增以及浓缩都市景观，带动未来虚拟社区（Virtual communities）的形成，这种的特殊的"社区"将有效地缩短距离并消除隔阂，生活于此的人们不再受政治、经济、文化、种群、地理疆界的限制，人性也将获得极大的自由。

美国人珍妮·霍尔泽（Jenny Holzer）就是一位借用数码技术，在都市公共空间中搭建艺术纪念碑从而介入公众生活的著名公共艺术家。霍尔泽在作品中大量使用 LED 技术并以计算机进

行自动化控制，其结合大众广告牌的展示方式并巧妙地模糊了既定的广告传媒与倾销性文本之间的表述习性。比如她常常借用城市公共信息滚动发布屏幕，即模仿发布股市或汇率信息那样，或是在我们可能误以为是一则企业宣传产品的电子广告显像屏上，以不断刷新滚动的方式来呈现艺术家对于碑铭学传统于当下发展潜力的领悟。当我们面临她的作品所营造出的数字环境的时候，我们能充分感受到由技术对公共空间的指涉所引发的技术迹象的"身临其境"以及职能担负的"卓有成效"。

就像大多数发现自己是遵循数字艺术公众介入性规则来创作的艺术家一样，霍尔泽并不选择只停留在某一地域撰写其数码碑铭，而是马不停蹄地隶属不同文化、民族、经济、政治地缘之间来回迁徙，只有这样才能在前卫先锋的实验场保持与都市公共职能（信息的散布与集中）的联系。如她最近在纽约时代广场竖起的巨大 LED 电子屏，在显示屏中重复滚动播放一些关于"电力文化消费与保护"、"电力通信重新界定国界"等一些公共生活的文本句式，或者在哲言警句与民间智慧之间选择某个切入点，即后来被她自己称之为"自明之理"（Truism）的短句，如"从某点认知就能走出的线"，"亵渎权力并不奇怪"，或是极其通俗可以脱口即出的短句。有时竖起宗教仪式般的数字荧屏的巨石阵，以多条 LED 显示屏并置排列，或是交替播放、错置播放、连接播放等方式，将这些暗示性真理通过运动与沉浸的阐释方式传达给那些被"纪念碑式真理"先验式消费过的大众群体。不可否认，珍妮霍尔泽的句法结构一直是引发普通大众，而非艺术类观众注意的，她的数字技术官方方式的公共通告变成鲜明的商业标志，她所创制的工程关注的是作为当代都市公共领域说教与信息强制灌输的普遍特征以及公众语汇的轶事力量，并给予一种全新的解读与实施。

4 结语

综观文化的发展对于社会职能的创新，基于某一类科技之革新与系统性运用，总能派生出由其所构建的新兴文化理论并行之有效为主体观念。如虚拟网络文本催生的网络文化这一热题现象，其主体观念直接指涉个体之意志与自我之观念表述，消除地域偏见与时间阻隔之限制，从而替代过去以传统地域特性、经济状况、民族群居为依据划分的社区文化，成为当下都市真实呈现的社区文化与阶层文化。同时也促进以数字文化为核心的文化产业的发展，以其自身所形成的新型社会能源之态势，重新界定人际关系与沟通渠道，重新组织社会的生产关系与服务活动等城市职能。

参考文献

[1] 陈玲著 . 新媒体艺术史纲 [M]. 北京 : 清华大学出版社 ,2007.
[2] （法）让·波德里亚 Jean Baudrillard 著 . 消费社会 [M]. 刘成富，全志钢译，南京 : 南京大学出版社，2000.
[3] 黄鸣奋著 . 数码艺术学 [M]. 上海 : 学林出版社，2004.
[4] 麦克卢汉 Marshall Mcluhan(加拿大) 著，理解媒介——论人的延伸 [M]. 何道宽译 . 北京 : 商务印书馆，2000.

[5] 詹姆斯·W·凯瑞 James W Carey（美国）著. 作为文化的传播，媒介与社会论文集 [M]. 丁未译. 北京：华夏出版社，2005.

[6] 邱晓岩. 试论数字媒体艺术的新美学特征 [J]. 深圳职业技术学院学报，2004.

[7] 吴兴明. 美学如何成为一种社会批判 [J]. 文艺研究，2006.

空间情景美学及其图绘探索

伍端　《世界建筑》2013 年 06 期

摘要： 建筑学的空间审美和图绘相互影响及作用，审美确立空间的定义及其评价标准，图绘把空间的知识转化为建筑学的语言使其可读。没有前者，图绘仅仅是对空间结果的描述，而不能成为认知与创作空间的有效手段；没有后者则会使对空间的探讨被局限在理论层面，无法在实践层面具体操作。在情景论范式下，空间的审美从二元对立的框架里解放出来。超验空间和物质空间审美被情景空间美学所整合。动觉的、感知的和心理的空间维度重新参与建筑意义的建构过程中。同时，现代科技在各个领域的发展提供了图绘复杂空间经验的可能性。如同平面、立面、剖面表现的欧基里德空间，新的技术如移动影像、空间句法和虚拟现实允许我们绘制更丰富多态的情景空间。

关键词： 空间，情景，二分学说，美学，图绘

在二分学说的范式下，建筑空间的意义被分隔成思维和物质的不同维度：作为超验的空间和作为物质的空间，而作为经验的空间在建筑学的意义里是缺席的。二分学说的几何再现方式导致了经验空间和建筑意义的进一步疏离。超验空间的审美被局限在有限的几个抽象的视点（无限远或无焦点的平、立、剖面）实现，表达的是象征性的，超验的和隐喻的意义。另一方面，物质空间的意义在于其承载功能的有效性，审美的视点被消解为空间里无数均质的点，空间形式与功能的契合度为其审美的标准。被分化在两个层面的空间有各自的评价标准和体系，功能的满足可以和无数超验片段相组合，反之亦然。它们既不能解释对方，也无法还原为对方。建筑学里，空间的问题在于失去了一个共同的平台去建构它统一的意义。建筑的形成不是一个以同一性为目标的建立过程，而是对建筑进行拆解、分布、配置的过程，它呈现的审美和意义是片段的、矛盾的和偶然的。近年来，情景论在认知科学、哲学、计算机科学、心理学、人工智能、语言学和人类学等领域的发展引发了对二元论的反思。这启发了建筑学里对空间经验的重新关注，开启了一个关于空间的新美学，为建筑学在空间研究方面提供了一个新的理论的和科学的研究方法。在情景论的范式下，空间的美学被赋予了新的维度与特质。同时，现代科技在各个领域的发展提供了绘制复杂空间经验的可能性。

1 空间情景美学

实体空间与我们的身体、所属物有密切的关系，它们的有形关联可以通过上下、左右、远近等关系词来形容，而且带有无法简化的多样性。

　　——梅洛·庞蒂，1945[1]

梅洛·庞蒂把抽象的物质空间转化为多样性的情景空间，启

发了我们对二分学说范式下被忽略的人的空间的关注。在情景论的范式下，空间是主体的投射和内省，而非仅仅是思维的产物或物体的容器。它鼓励我们打破思维、身体、环境的界限，多样性的空间美学从我们和环境的互动沉浸所产生的情景经验中获得。事实上，情景的空间的审美可以在不同历史时期和不同文化背景的区域找到相关的范例和论述。不难发现，这些不算陌生的知识片段呈现了一个与二元论统治下的不同的世界：人通过自身和空间的关系来理解自己，建筑被作为一个有机整体来感知。

1.1 动觉维度 (Kinaesthetic dimension)

阿拉伯建筑教会我们一堂有价值的课 —— 用双脚来享受是最好的。行走 —— 你必须通过穿越建筑并不断改变你的视点，去观看建筑的空间如何展开。这和巴洛克建筑是相异的。（因为）那是围绕着理论上的轴线在纸上构思的建筑。而我更喜欢阿拉伯建筑。

——勒·柯布西耶，1929[2]

勒·柯布西耶1931年出版的《走向新建筑》一书中，引用了奥古斯特·绰艾西的雅典卫城图示表明他的"建筑漫步"观点。他表达了动觉维度的空间审美，认为审美的形式由人的眼睛和运动生成。空间的动觉美学可以追溯到16世纪的中国古典园林。那时的造园的哲学旨在创造出一个享受自然、学习和冥想的环境。复杂的空间布局和不断变化的场景持续地推着游园者的活动和情感。园林的空间被刻意设计为与游园者互动的装置，空间通过墙、廊、树、水、亭、台、楼、阁等元素在多层面（包括视觉、心理和动觉层面）与人产生互动以创造丰富的空间经验。其中最为典型的园林设计原则如"步移景异"就充分体现了这样一种动态空间的思维方式。

18世纪的欧洲动态视觉开始以多种形式存在和发展，从文学到空间，从旅游诗到风景画或花园景观都体现了当时的动态文化。"新的视觉是一种运动式的，它渴望空间的展开。空间在观者的运动中被吸收和使用。一种新的建筑系统在运动中被建立。'如画革命'在移动的透视中产生了，它向外展开，并不断地和更大的部分合并在一起。这种新的敏感性参与了观者的物理性，并挑战观者能容纳空间和更多空间的能力——一种运动的空间"[3]。在这样的新视觉下，园林被组织成一系列的风景画，像移动的画面，以视觉叙事的形式展开。透视的技法被大量运用在景观的构图和观者的观看模式上，"如画"在这样的布景术下被建构。朱莉安娜·布鲁诺提出，在16-18世纪期间，如画是园林设计的一个基本概念。她在对托马斯·沃特里的《对现代花园的观察》（1770）一书评论道，"这个空间的哲学包含了流动的、易感的地形……如画的景观是触觉的景观……触觉的运动的精加工是易感的——那成了电影的场景的具体表象"[4]。布鲁诺认为"如画"是动态空间经验的起点，它为西方现代园林的绘画和设计提供了新的方向。

到了19世纪，沃尔特·本杰明把当时在巴黎街头散步、闲逛、东张西望和游荡的人作为当时巴黎城市景观的新现象加以描述。这些"城市游览者"（flâneur）的出现也充分呈现了当时动态空间经验的新现象。奥古斯特·斯马苏从方位的角度开始研究空间与身体的关系。他认为，空间的创造基于我们身体垂直的、水平的和纵深的轴线和空间的关系。由此，空间的朝向和方位被我们的身体所决定。我们的整个身体，而不仅仅是视觉处于空间经验的中心。斯马苏还从运动—空间关系研究空间的动态形式，"语言上我们用'延伸'、'宽阔'和'方向'形容我们活动的连续性，因为我们把自身的运动感觉直接转化为静态空间的形式。我们怎么都无法表达它和我们的关系，所以只能想象我们在运动中度量着长度、宽度和深度，或归功于我们眼睛和动觉感官感知到的静止的线、表面和体积，即便我们用静止站立的方式去观察"[4]。哲学家尼采认为空间的本质是一个由身体运动产生的力场。在同一时期，艺术理论家沃尔福林在《文艺复兴与巴洛克》一书里也提到了身体的视觉经验很大程度上依赖于人们对建筑形式所引发的心理活动。从19世纪末到20世纪初，随着电影的发明，越来越多的艺术家、理论家和建筑师把动觉空间的观念结合到自己的作品和理论中。莫霍里-纳吉在《新视觉》里提到空间是由人的生理敏锐度所形成的连续性力场，它是人的运动和生命的欲望所激发的。当时出现的艺术流派如立体派、未来派、达达等多位艺术家都把运动、多视角这些新的空间观念融入自己作品里，比如立体派艺术家就偏向于把传统观看空间的单视点方式打破并以多视角重叠的形式取而代之。空间以一种似乎随机混杂的方式被重新组织起来。达达成员之一的杜尚也曾把运动作为一个因素引入绘画，在"下楼梯的裸女"中他尝试把运动的视觉效果在静止的画布上呈现出来。这些新的艺术运动和电影的发明以及动态空间的思维方式很快被当时的前卫建筑师所接受。勒·柯布西耶在1923年设计拉罗歇·让纳雷别墅时就提出了"建筑漫步"的概念，他把运动的空间经验作为建筑的审美原则，以至于他随后设计的一系列别墅项目都始终贯穿了这样的运动空间理念。

1.2 感知维度 (Sensorial dimension)

什么感官和经验让人可以对空间和空间质量有强烈的感觉？答案：动觉、视觉和触觉。

——伊-弗·途安，1977[5]

在建筑学中，从感知的角度研究空间到20世纪中叶才逐步开展。盖斯顿·巴舍拉在《空间的诗》（1958）一书里从现象学的视角诠释了身体和空间的关系。伊-弗·途安也从这个方面作了大量的研究，他认为环境的本质是我们的空间经验，"大量关于环境质量的文献中，相对而言，只有极少数尝试从人对空间和场所的感受去理解，去把不同模式的经验考虑在其中（动觉的，触觉的，视觉的，概念的），去把空间和场所翻译成复杂的图像——通常矛盾——的感知"[5]。途安深入探讨了人如何用感知学习/理解环境。他还说道，"人类不仅能看见几何图样并在思维里创造出抽象的空间，他们还能把身体的感觉、图像和思想融进有形的物质中"[5]。感知的空间美学影响了一批当代建筑师，其中较为突出的有安藤忠雄、史蒂文·霍尔、彼得·卒姆托等。在《知觉的问题：建筑现象学》（1994）一书中，戈麦茨、帕拉斯马和霍尔阐述了建筑空间所呈现的认知形式。他们把感知空间分门别类，认为建筑是由一系列"现象领域"构成，而这些现象领域在一定程度上反映了空间认知的维度。他们写道，"建筑，比其他艺术形式更完善，（因为它）介入我们的感官认知的即时性。时间的推移、光、阴影和透明性，色彩现象、质感、材料和细部全都参与建筑的复杂经验中……只有建筑能同时唤醒所有的感知 —— 所有复杂的知觉"[6]。我们可以从卒姆托的建筑里感受到这样的空间品质。感知空间的美学把身体的经验带入建筑意义的建构中。建筑的元素，如光、声音、温度、气味和质感等被作为空间审美的单元，建筑的意义由身体来界定。艺术家安东尼·贡姆雷的艺术装置"领域场"表现了身体和空间相互延伸浸没的关系。身体和空间的界限被模糊，取而代之的是知觉的能量场。莫纳和沃娃卡批判了现代建筑所提倡的抽象冷漠的审美，认为建筑学应该建立感知维度的审美原则和设计方法。他们在《感知设计》（2004）一书中，提出了感知设计的视角和设计方法，并称之为感知类型学，尝试把离散的、不可靠的、没有系统化的感知数据作为建筑设计的依据，"……将和当今主宰建筑学的笛卡尔模型形成鲜明对照，导致一个更为人性化的设计"[7]。

1.3 心理维度（Mental dimension）

恐惧、焦虑、疏远和它们心理逻辑的同仁，焦虑性神经症和恐惧症在整个现代时期都和空间的审美亲密地联系在一起。

——安东尼·维德拉，2001[8]

空间不仅仅是容器和概念，也被灌注了精神的特质。源于实验心理学、经验心理学和新康德主义，在 19 世纪，德国哲学审美研究（威尔棱·翁德的生理心理学、高斯塔弗·歇欧多·费屈纳的精神物理学、罗伯特·维斯吉尔的视觉认知理论、歇欧多·利普斯的移情论和康纳德·费德勒的精神论）为空间的心理维度探索奠定了基础。罗伯特·维斯吉尔在《关于形式的视觉感知》（1873）中描述了移情是在生理基础上的心理达成。他区分了感受和感觉，认为前者是身体对外界刺激的物理反应，而后者是精神的或感情的活动。利普斯在《空间和几何视觉幻象的美学》（1897）中，把移情定义为"自我的客观享受"，表明了空间／物体和投射在上面的情感会融合为一个整体的经验。移情论提出自然的有机形式处于空间中，并且一个自然物象与另一个自然物象间有着相互影响的关系，当个体意识外化时本身也就被空间化了。这种空间化的标志是立体化。对利普斯而言，审美的空间是得到了形式的空间，因此，审美的移情作用的达成是主观生命与对象形式的完全融合。利普斯把观看分为两个层面：一是视觉的，这个层面关注的是物质；二是审美的，它关注的是物质被移走后剩下的东西。同样的，空间的移情也包含两个层面：一是空间的形式；二是人在空间中注入的情感。在勒·柯布西耶第一次重返雅典所参加的第 4 届 CIAM 大会上（1933）描述了他 22 年前第一次经历雅典卫城的情景。他的文章后来被收录在《空间的新世界》（1948），"不可言喻的空间"这个概念出现在勒·柯布西耶的词汇表里，它表达了空间的精神层面或者是心理层面的特质，而它难以被描述。如他所说，"在这主要将要说的是审美情感的释放是空间的一个特殊功能……整个环境把它的分量施加在艺术品一样的场所上……无限的深度被开启，超越了墙，驱走了可能的存在，完成了不可言喻空间的奇迹"[9]。由此，建筑的意义被灌注了人的精神、想象和意识。20 世纪中叶，一群命名为情境主义国际（Situationist International）的艺术家和建筑师对传统的城市和建筑空间的理解和思考进行了颠覆式地批判。他们的作品和宣言表明了他们对心理空间的关注。盖·迪波和阿

斯格·杨的"巴黎心理地理学指南"（1956），拉尔夫·罗姆尼的"威尼斯心理地理图"（1957）都呈现了对空间心理维度的关注。罗姆尼的城市心理地图以电影蒙太奇的方式呈现了威尼斯的街景，尝试用心理结构的方式渲染城市流动性。20 世纪末，艺术家如雷切尔·怀特瑞德和阿尼什·卡普尔等人的作品表现了空间与复杂的社会文化环境间的关系。怀特瑞德在她的"房子"作品里，把英国维多利亚式的住宅空间固化，把日常生活的空间以实体的方式表现出来。艺术装置通过对空间和物质的反转使人们对空间的心理预期产生变化，引起了人们对不可见的"空间"的关注。

2 空间情景图绘

传统的建筑语言约束了思维，通常建筑师所使用的再现方式：平面、剖面、轴测与透视变成了建筑学的牢笼和局限，将建筑学演变为一种金字塔式的思考，任何跨越这种限制提供其他建筑解读的企图都要求质疑这样的语言传统。

——伯纳·屈米，1994[10]

建筑学的空间审美和图绘相互影响及作用，审美确立空间的维度及其评价标准，图绘把空间的知识转化为建筑学的语言使其可读。没有前者，图绘仅仅是对空间结果的描述，而不能成为认知与创作空间的有效手段；没有后者，则会使对空间的探讨被局限在理论层面，无法在实践层面具体操作。要跳出传统建筑语言的束缚，不仅需要建立新的理论范式，还需要有与之相应的图绘方法。现代科技在各个领域的发展提供了绘制复杂空间经验的可能性。在 20 世纪初期，一部分理论家和建筑师认为电影是图绘现代空间的有效工具。到了 20 世纪的后半叶，在结构主义的影响下，一系列建筑和城市研究把空间作为一种具有社会意义的结构，它影响着运动和行为的方式。在 20 世纪末，数字技术的高速发展使空间图像化从现实进入虚拟仿真阶段。这些新的理论和技术不仅为空间情景图绘提供了支持，也开启了空间理解的新方式。传统静态的、抽象的空间观被数字化环境所质疑，现实和虚拟、物质和心理的空间界限逐步被模糊和打破。新出现的移动影像媒体、空间句法、人工智能和虚拟现实技术使空间的情景认知图绘逐渐成为可能实现的目标。

2.1 动态影像（Moving image）

静态的摄影术不能清晰地捕捉住它们。当移动时必须伴随着眼睛：只有电影可以让新建筑被理解。

——希格弗莱德·吉迪翁，1928[11]

吉迪翁的陈述不仅让几何图绘显得不合时宜，也暗示了在新的时代需要有新的图绘方法去捕捉建筑空间的活力。吉迪翁的断言很快在萨伏伊别墅完成时实现，勒·柯布西耶的"建筑漫步"被皮埃尔·香奈尔的电影摄像机呈现。动态影像文化影响着人们对空间的看法，特别是从静态的体积到动态的经验，这体现在社会文化的各个层面，如对绘画、园林、文学的欣赏和理解上。近几十年来，各个领域的部分学者认为电影空间可以作为认知的动态结构。通过电影图绘，身体的运动视觉，不管是连续的，还是不连续的都可以从不同的视点被定位和观察。如吉布森所言，"电

影——观看，我说，既像但又不像自然观看"[12]。他认为电影的水平扫视、垂直扫视和三维扫视和我们自然观察方式类似，但如剪切、蒙太奇、连续编辑等电影术就属于认知层面的粘贴。我们能理解电影是因为我们的认知系统把剪切的两个片段的不变的部分截取出来就自然可以把影片理解为连续的整体。但这只解释了一部分的原因，因为在有的情况下跳剪的片段就不会出现不变的部分。对这样的情况，赫屈伯格和布洛克斯提出电影扮演着"思维的眼睛"去填补荧幕上的空缺，空缺的空间在观众的思维中被填补。德勒兹在伯格森的理论基础上把空间，时间和运动用电影的现象来诠释，发展出运动—影像和时间—影像的理论来解释动觉空间与思维空间。建筑学领域也有相当一部分学者被建筑和电影在空间体验上的共性所吸引。

特别是近年来随着数码科技的发展，空间的电影图绘逐渐在建筑学和媒体研究领域活跃起来，很多在英国和世界各地的学者把电影作为新的空间图绘工具。如帕拉斯马所言，"建筑经验的模式和电影在心理层面变得一致，是一个没有固定边界的旅程"[13]。他认为由身体诠释的建筑空间和电影空间一致，他称之为电影建筑（Cinematic architecture），"建筑的影像在电影里表达……电影在思维里建构空间，创造了思维——空间"[13]。换句话说，建筑的空间经验可以被电影表达。潘茨和他的同事们在剑桥大学的数字实验室把电影建筑的研究往前推进了一步。如他所言，"移动影像的语言于21世纪的文化而言是根本的，如同写作和绘画在19世纪一样。在数字时代，熟练使用它要求空间的、时间的、视觉的及相关的理解"[14]。在具体的技术操作层面，数字实验室开发了一系列有效的工具去绘制视觉的和想象的空间。

2.2 空间句法（Space syntax）

空间句法始于对真实世界中的空间现象的研究，然后以此为基础来理解人类活动中的空间属性。

——比尔·希利尔，2005[15]

在结构主义的影响下，建筑和城市的研究逐步把空间作为一个组构系统，就像语言，有内在的、社会的、文化等因素相联系的结构。后来发展为两个主要方向：城市符号学和空间句法。前一个把环境作为一个符号系统，如同自然语言，社会意义通过这个系统得以表达。后一种把空间作为句法结构，这个结构暗含了社会逻辑，同时和环境行为和移动模式有密切的关系。多数的城市符号学理论都基于社会符号学，研究的是社会内涵，包括意识形态和权力结构、符号的意义等。因此，城市符号学以研究建成环境里的物体为主，如街道、广场、公园和建筑等，以及文化产品，如建筑代码、规划文献、设计、房地产广告或者是城市里的流行用语等。用社会符号学的方法来研究城市符号学的学者在学科定义上有别于行为地理学。他们常被批判只注重交流的外延而忽略了城市形态的内在含义。而行为地理学认为城市结构是可识别的，它们不仅有功能意义，也有象征意义。在《城市意象》（1960）一书中，林奇研究了人们是如何在城市环境里认知和组织空间信息的。林奇认为，人们以一种持续的和可预测的方式理解他们周围的空间，他总结了5种元素构成的心理地图：路径、边界、区域、节点和地标。空间的句法学研究被简称为空间句法，它始于

20世纪70年代，经过数十年的研究和发展，比尔·希利尔和他的同事发现了人在空间中的活动是空间社会逻辑最好的测量仪，空间组构和人的运动模式的关系持续稳定并有规可循。空间句法理论认为，人在街道上的活动是社会生活得以持续的重要因素。因此，空间不应该被当作是人活动的背景，它更是社会活动的发生器。空间句法由一系列的理论和技术构成，它能被用于分析空间的结构。它的基本原理是空间可以被细分为一个个的组成部分，各组成部分的关系以及部分与整体的关系构成空间网络的样式。由于这个空间系统把所有空间关系都计算在内，通过计算机技术的分析，以解释城市和建筑空间的聚集运动模式的差异性以及内在结构的复杂性。空间句法并不把空间作为抽象物体，相反，它认为空间和人的认知、社会意义有着密切的联系。如希利尔说的，空间句法是一套关于空间的理论和方法，它在反映了空间的客观性同时也介入人的直觉。

2.3 虚拟现实（Virtual reality）

这种对于人类行为的模拟已经在模拟经过观测的城市和建筑室内人流运动方面取得了成功，因为它在一定合理程度上而言已经非常精确了。

——艾伦·佩恩，2005[16]

20世纪的最后10年是个人计算机、因特网、数字电视和互动游戏的年代，人们对空间的理解和认知从真实世界向虚拟世界扩展。特别在世纪之交，计算机支持的虚拟现实技术被运用在个人计算机和游戏上并创造了更吸引人、更互动的人机环境。大量关于现实和虚拟空间互动的尖端研究由此产生。与游戏学（Ludology）发展平行的人工智能跨学科研究，包括计算机科学、心理学、社会学、人类学、艺术、文学、媒体学等经历了空前的发展。数字革命把前所未有的空间感受带给了人们，高度发展的数字技术使虚拟环境的仿真和模拟成为可能。不少学者开始研究空间知识如何从虚拟环境到现实环境转化。近年来，英国的剑桥大学和伦敦大学学院的很多课题项目得到了欧盟、英国工程和物理科学研究委员会（EPSRC）、英国艺术及人文研究委员会（AHRC）的资助，研究的主题有人们在虚拟环境里的空间感受是否可以和现实世界的相匹配。在这个领域，虽然有不同的声音，但大部分学者还是认为这两者在某种程度上是相似的。如魏玛·贝利所说，"这些测试结果表明，虚拟环境足以再现现实世界的复杂性，它可以被作为有效的在建筑里掌握复杂路径的训练工具"[17]。特劳卡和威尔逊说道，"在计算机生成空间里的巡游和真实空间里的巡游导致类似的空间知识"[18]。这些研究成果似乎证明了真实和虚拟空间的知识可以在某种程度上相互转换。事实上，这种真实——虚拟的类比可以被大量运用在人们生活的各个层面。

3 讨论

当代建筑学是在其空间审美与图绘的不断调整和进化的交互作用中发展的。必须承认，在阿拉伯建筑和中国古典园林之间，在"如画"和"城市游览者"之间，在"瓦尔斯温泉"和"领域场"之间，在"威尼斯心理地理图"和"房子"之间蕴含着巨大的可能性。正由于这些"之间"的状态为空间的情景审美提供了生存

的土壤。二元论范式下的建筑空间以一种超验的或物质的角度被审视，并以欧基里德几何的图示法表现，而情景论范式下建筑空间的多样性和复杂性在于它不仅仅是一种先验条件，或是一种属性，或是容器。它流动于超验和物质的不同层面之间，以一种非确定的发散形式出现，这些形式（动觉、感知、心理等）会向其他势力关系的敞开中产生具有多种可能的多样性，而这任何一种多样性都不能被归并为二元论中或是笛卡尔理论中的单一性，并且摆脱了一切被二元化层级关系限定的形式。事实上，如果这些新的形式不能被转化为建筑语言的话，空间的情景审美则不完全具备成为一个建筑学命题的充足理由。值得关注的是，现代科技在计算机、人工智能、移动影像、空间句法学和虚拟现实等方面为捕捉复杂多样的空间形式提供了可操作的平台。作为传统的欧基里德几何图示的一种补充，新的方法在绘制空间认知和经验方面更加敏感有效。显然，情景论的包容性将具有一种变化的能力，可以将形形色色的各种因素引入空间审美的和谐的过程中，并由此产生一种连续的能力，它具有发展其他空间形式的动机，甚至穿越各种可能的多样性。可以预见，情景认知范式下的空间研究将会急剧地催生出新的建筑美学及其图绘方式，并极大地扩展我们的空间知识及其创造方法。

参考文献

[1] Merleau-Ponty, Maurice, Phenomenology of perception. Trans. Colin Smith. Routledge, 2003[1945]: 284.

[2] Le Corbusier, Les oeuvres complètes Vol 1. Erlenback – Zurich, Zurich, 1929:24.

[3] Bruno, Giuliana. Atlas of emotion: journeys in art, architecture and film. Verso,2002: 171.

[4] Schmarsow, August. The essence of architectural creation. 1994 [1893]. In: H.F. Mallgrave & E. Ikonomou. eds. Empathy, form and space: problems in German aesthetics. Getty Center for the History of Art and the Humanities, 1873 – 1893: 281 – 297.

[5] Tuan, Yi-Fu. Space and place: the perspective of experience. University of Minnesota Press,2003[1977].

[6] Pallasmaa, Juhani. & Steven Holl, Alberto Pérez-Goméz. Question of Perception: Phenomenology of Architecture. A+U, 1994: 41.

[7] Malnar, Monice Joy & Frank Vodvarka. Sensory Design. University of Minnesota Press, 2004: ix.

[8] Vidler, Anthony. Warped space: art, architecture, and anxiety in modern culture. MIT Press, 2000: 1.

[9] Le Corbusier (Charles-Edouard Jeanneret). New World of Space. New York: Reynal and Hitchcock and The Institute of Contemporary Art, Boston, 1948: 8.

[10] Tschumi, Bernard. Manhattan Transcripts. Academy Editions, 1981: 9.

[11] Giedion, Siegfried. Bauen in Frankeich – Bauen in Eisen – Bauen in Eisenbeton. Klinkhardt & Biermann, 1928: 92.

[12] Gibson, James J. An ecological approach to visual perception. Houghton Mifflin, 1979: 292 – 302.

[13] Pallasmaa, Juhani. The architecture of image: existential space in cinema. Helsinki: Rakennustieto, 2001: 18.

[14] Penz, François. & Maureen Thomas. eds. 2003. Architecture of Illusion. From Motion Pictures to Navigable Interactive Environments. Intellect, 2003: VIII.

[15] Hillier, Bill, The Art of Place and the Science of Space. In: Wu Duan & Zhang Ji. eds. World Architecture (185). The World Architecture Magazine Publication. 2005: 24 – 34.

[16] Penn, Alan. Adaptive Architectural Environments: Shifting the Boundary between Real and Digital. In: Wu Duan & Zhang Ji. eds. World Architecture (185). The World Architecture Magazine Publication, 2005: 35 – 40.

[17] Bailey, David, Jerome Feldman, Srini Narayanan, and George Lakoff. Modelling Embodied Lexical Development, 1997. In: M.G. Shafto and P. Langley. eds. Proceedings of the Nineteenth Annual Conference of the cognitive Science Society. Mahwah, N.J.:Elbaum.

[18] Tlauka, M. & P. N. Wilson. Orientation free representations from navigation through a computer simulated environment. Environment and Behavior, 1996.28 (5): 647 – 664.

基于地域文化的室内空间肌理设计

符霄　《艺术与设计（理论）》2013年03期

摘要： 文章针对当前室内空间肌理设计千人一面的现象，初步探讨了地域文化在室内空间肌理设计中的设计界定及定位，并结合实例来论述地域文化与室内空间肌理设计的有机融合，进一步强调基于地域文化的室内空间肌理设计对于避免设计形式的单一化及促进设计的良性发展的重要意义。

关键词： 地域文化，室内空间，肌理设计

世界文化中存在的地域差异性形成以地域性特征作为创作主题的设计形式，然而自20世纪开始，西方现代文化的作为一种居于强势地位的文化，逐渐改变各地区传统的生活方式和审美趣味，使得室内空间肌理设计只注重功能表现却难以满足人们其他的一些心理需求，并且文化的趋同化导致室内空间肌理设计形态面貌的单一化。而成功的室内空间肌理设计不仅需要满足使用功能，更重要的是拥有鲜明的地域特征与文化内涵。因此，提炼地域文化深层次的内涵，吸收地域文化中的精髓，让室内空间肌理设计形成多彩的风格，同时也能满足不同地域的人们的精神寄托。

1 基于地域文化的室内空间肌理设计界定

"地域文化专指先秦时期中华大地不同区域的文化，它是指建立在乡土文化之上的具有鲜明地方特色的区域文化，它是一个国家整体一个民族群落核心文化的分支和基础，它比乡土文化系统完整，又比核心文化具体可感。地域文化有着极强的可识别性。就其形成的原因有以下三个方面：一是本土的地域环境、自然条件、季节气候；二是历史遗风、先辈祖训及生活方式；三是民俗礼仪、本土文化、风土人情、当地用材。"[1]

在以地域文化为基础的室内空间肌理设计中来说，其设计思路主要是指在设计上吸收本民族、民俗的风格以及本区域所遗留的历史文化痕迹。基于地域文化的室内空间肌理设计的地域性特征主要是通过肌理的形态、色彩、材料以及整体的空间意境来表现出来。

2 地域文化在室内空间肌理设计中的设计定位

2.1 地域文化的选择应与使用者审美需求相适应

室内空间肌理设计定位所涉及的方面比较广泛，其设计思路主要是以与使用者的沟通和需求预见为前提的，是设计与行销的相互结合。使用者的需求主要体现在满足使用功能和精神功能两个方面。在室内空间肌理设计中，地域文化的选择更倾向于精神功能的表达，即在满足使用功能的基础上，针对不同的使用者来选取与其相适应的形式语言来表现室内空间特有的文化内涵，以引导和满足更高层次的审美需求。[2]

2.2 地域文化的选择应与不同地域的地方风俗相结合

以地域文化为基础的室内空间肌理设计与其他设计思路不同的是，在地域文化作为肌理设计元素的选取不仅要与室内空间的类型及功能相互协调统一，还要贴合不同地域文化的特点，在肌理设计上应注重实用功能与美学的融合，借助肌理的形态意蕴之美来提高其室内空间风格的辨识度。

例如国际青年旅舍的设计形式十分多元化。它们的设计与当地的自然气候、地形地貌、地方材料、营造技术、宗教信仰、民俗文化相结合，表现出来的形象与我们在现代化大都市的所见的那种国际式风格迥然不同，地域气息十分浓厚。位于甘肃甘南藏族自治州夏河县的拉卜楞红石国际青年旅舍，正是基于甘南藏族自治州有着藏族几千年的生活习惯以及宗教的影响，并与外来文化的渗透所具有的多重文化属性，该青年旅舍主要以传统的藏式图腾以及宗教色彩作为肌理设计的母体，使得空间不仅弥漫着独特的民族风格还具有神秘而意味深长的宗教文化内涵。

3 地域文化与室内空间肌理设计的有机融合

不同的地域，因其地理环境、风土人情、历史传说以及图腾标志等方面的不同，而产生了大量风格迥异的地域文化元素，将这些文化元素与肌理设计有机融合在一起，有利于丰富室内空间肌理设计的形式，更增添了室内空间肌理设计的文化底蕴。

3.1 对地域文化传统元素的直接引用

确定地域传统文化设计元素对室内空间肌理设计所在区域的地域性有了调查分析之后，对地域性文化素材进行整理、归纳从而确定需要的设计元素。提取可用于肌理设计的元素，从形式、色彩、材质、寓意等各个方面加以考察、归纳和提炼出精彩的肌理设计元素，可将其直接引用于室内空间肌理设计中。

例如江南苏绣的绚丽色彩，及其具有浓郁江南特色的色彩搭配，对具有地域风格的室内空间肌理设计有重要意义，具有很强的地域代表性。以苏绣作为设计元素，它的图案种类繁多，色彩艳丽，直接作为肌理设计的元素，只强调它的形式美感，弱化其实用功能，所形成的效果非常美观。

3.2 以创新手法渗透地域文化于室内空间肌理设计中

使用创新的手法渗透地域文化于室内空间肌理设计中，并不等于将地域文化的传统元素分解重组，相反，我们要有意识地保留这些文化传统元素，使得室内空间更富有地方风味。"立新"不必"破旧"，关键在于如何以传统而又时尚的手法，创造出新旧共生的新的城市空间形态，保持传统是一种尊重历史与文化的心态，而不是简单的复古或仿古。[3]

以这种"立新"而不"破旧"的手法来做室内空间肌理设计，可以从两个方面来入手。

（1）叠加变形。在肌理设计中，把几个地域文化元素巧妙地组合起来，不断重叠与重复，就会产生一系列类比效果，但是地域元素的叠加不能简单模仿或者硬搬本土文化的图形符号进行设

计，这样会使得肌理设计没有创新性，应深入历史文化底蕴中对地域文化元素进行一定的变形整理。其变形整理可以将它复杂繁琐的地域元素形态进行简化和概括，在抓住其神韵与精华的基础上，舍去其繁琐的细节、局部，突出其地域元素形态的特点，使它不失原有的装饰美感而又简洁明快；也可以将地域文化元素中的某些特征给予突出、强调和夸大，使其原有的地域特征更加鲜明、生动，进一步增强肌理的表现效果。坐落在北京故宫东的南池子大街的"天地一家"餐厅，以南宋古典风格作为基调，在餐厅的中央是代表中国古代四方的青龙、白虎、朱雀、玄武四神柱，在墙上挂着闪烁冷峻的幽光的特殊材质肌理的编织的绫子帐幔，再配以材质肌理简单优雅的中式桌椅。这种青砖、古木、朱帘、挂落的叠加，表现出京华烟云历经沧桑后的怡然气度，无处不在诉说着古老东方含蓄内敛的文化精神。

（2）形式异化。是指将以前并没有用来或者不常用于肌理装饰的地域文化中的异质元素引入肌理设计中，如瓷器、陶罐、青铜、玻璃器皿、木雕等一些传统元素。通过改变它原有的材质、体量、装饰附着面，创新性地用于室内空间肌理设计中。它的特点是将传统的形式进行非传统的应用。由台湾知名设计师登琨艳主持设计的位于湖南长沙的主题餐厅长沙窑，是以长沙铜官古窑为载体，设计者将窑罐打散，破碎的陶罐、陶片被镶嵌在墙上，作为墙体肌理。经由极强的形式感和创新意义的破碎的陶片组合而引起强烈的视觉冲击与心理共鸣，在演绎长沙窑文化的同时也将该主题餐厅独特的浓郁风味烘托得淋漓尽致。

室内空间肌理设计应结合室内空间功能的需要，选择相适宜的地域文化元素进行有机融合，综合运用各种设计方法，将地域文化的独特性充分渗透到室内空间肌理设计的各个主题中，实现室内空间肌理设计的创新性。

4 结语

地域文化对于室内空间肌理设计而言是一种限定，同时也是新的创造性思维的起点。只有扎根于地域文化，从更深层探究室内空间肌理设计对特定场所的自然环境、气候条件、生活状态、历史文脉的适应性，努力挖掘融入地域文化的肌理设计背后的深层底蕴，才能超越对肌理设计形式的机械性模仿，这样的设计作品才更具有生命力。

参考文献

[1] 陈金金，杨茂川."软装饰"地域性室内空间.艺术与设计（理论），2011（6）：62-64.

[2] 任家玥，李雨红.基于地域文化的餐饮空间设计探讨.艺术与设计（理论），2008（6）.

[3] 邱海东.论黎族传统文化元素在当代室内设计中的应用.艺术百家，2011（7）：111-113.

风景名胜区中乡村类文化景观的保护与管理

陈英瑾 《中国园林》2012年01期

摘 要：我国风景名胜区中拥有大面积乡村地域，但乡村类文化景观未被列入被保护景源。在风景名胜区中保护乡村类文化景观，有助于保护乡村自然文化遗产、合理利用区内自然资源和减少区内社区与管理机构的矛盾。明确风景名胜区中乡村类文化景观的发展目标和保护原则，并从土地权属与管理责任、社会系统调控、经济发展引导和乡村景观规划方面，探讨保护与管理的行动准则。

关 键 词：风景园林，乡村类文化景观，乡村景观，文化景观，风景名胜区

1 在风景名胜区中保护乡村类文化景观的意义

我国具有数千年的农耕传统，千百年来，乡村居民利用当地的自然材料，灵活运用当地的传统技术，建成具备人性化尺度的景观设计，形成了一个完整的、协同的、稳定发展和不断拓展的地景系统。我国的传统乡村景观代表了精耕细作的农耕文化、天人合一的自然观。许多景观拥有因地制宜的地形处理、适宜的尺度、丰富的肌理和色彩变化，堪称一份宝贵的自然文化遗产。

1992年，文化景观作为文化遗产的一个类别被纳入联合国教科文组织（UNESCO）的《保护世界自然和文化遗产公约》中。文化景观包括人类有意设计和建筑的景观、有机进化的景观（化石景观和持续性景观）和联想性景观。其中，有机进化的持续性景观是"在与传统生活方式保持着紧密联系的现代社会中起到积极的社会角色，其进化的过程仍在持续，同时，展现出长时间进化过程中的可观的物质证据"[1]的一片区域。1994年，世界自然保护联盟（International Union for Conservation of Nature and Natural Resources，简称 IUCN）将保护区分为6类。其中第5类地区"被保护的景观／海景"定义为"人类和自然长时间的互动所产生的一片地域，拥有独特的特色，具有可观的美学和生态和／或文化价值，同时经常拥有很高的生物多样性"[2]。Philips 指出，联合国教科文组织指定的"有机进化的持续性景观"与 IUCN 第5类地区"被保护的景观／海景"在需要保护的地段和保护理念方面有许多重合[3]。

最早进入联合国文化景观保护名单的菲律宾水稻田（Cordilleras, Philippines），为有机进化的持续性景观设定了黄金标准[4]。英国的国家公园由于有人居住和生活在其中，也被列入第5类保护地区（而并非 IUCN 所分类的第2类保护区"国家公园"，IUCN 定义的"国家公园"的主要保护目的是保护生态系统，而第5类保护地区的保护目的是保护地面或海域景观）。英国国家公园每个公园可包含多达数十个城镇，土地利用包括耕地、牧场、自然林地、荒地、休闲用的绿地、公园、城镇和村庄等多种形式[5]。因此，尽管 UNESCO 和 IUCN 没有明确指明有

机进化的持续性景观地区和第 5 类保护地区的土地属性，但乡村土地利用（如耕地、牧场、村落）是其重要的土地利用形式。

我国的风景名胜区内分布有大量居民聚集区，居住着数以千万计的原住民。据统计，人口密度达到 50—100 人 /km² 的风景区占我国总风景名胜区面积的 66%，人口密度超过 100 人 /km² 的占 17% [6]。例如，西湖风景名胜区内有超过 70% 的农村面积 [7]。乡村在风景名胜区中呈现区域性的分布，在很多情况下是围绕自然或人文核心区域的外围区域。我国一直未将乡村类文化景观纳入国家自然文化保护体系。在《风景名胜区内规划规范条例》"风景资源调查"一节列出的 8 类景源内（3.2.3 条），乡村景观与传统的农耕文化与技术未被列入。因此，风景名胜区内的乡村生活和工作常常被认为破坏其他景源，从而引发出诸多保护区管理机构与当地居民的矛盾。如出于保护当地生态环境的目的而外迁居民、鼓励或认可当地居民放弃传统农牧生产方式、村庄发展与景区发展相对独立、村庄缺乏可持续发展的经济增长动力 [8] 等问题。

风景名胜区应将乡村类文化景观作为保护对象，从区域的地域范围内规范乡村社会系统、经济引导、土地职能等规划条例，保护和加强地区的乡村历史特色、传统文化和地域景观。其意义主要在于：①保护和利用我国的乡村类文化景观、保护区域的地方性和民族历史文化；②鼓励与环境保护兼容的土地利用形式，合理利用保护区之中的可再生资源 [9]；③调整风景名胜区中"名义目标过高和实际投入不够的反差" [9] 的问题，减少风景名胜区内当地社区与管理机构的矛盾。

我国尚有许多优秀的乡村类文化景观未得到保护，例如浙江温州楠溪江古村落区域、龙游梯田和江西婺源区域等，应该纳入风景名胜区名录进行保护。具有国家代表性的乡村类文化景观可以申请设立国家级风景名胜区，具有区域代表性的可以申请设立省级风景名胜区。为进一步与国际乡村类文化景观保护体系接轨，我国优秀的乡村类文化景观应争取加入国际自然文化遗产保护名录。近几十年来，我国为了在世界遗产名录中占据一席之地，申请世界自然和文化遗产时，将很多人类聚落从遗产地搬迁，导致了传统文化的消失。为避免这种情况的发生，我国被提名为其他类别的世界遗产有可能被重新提名为"有机进化的持续性发展景观" [10]。例如四川青城山、都江堰以及安徽南部的西递、宏村等古村落。在申请新的国际保护名录时，可以更多考虑 "有机进化的持续性景观"（UNESCO）或者 "第 5 类保护地区"（IUCN）这一类别。

2 乡村类文化景观保护区的发展目标与保护原则

由人类主导居住和生活工作的乡村类文化景观保护区的保护目标与其他以保护自然环境为主的自然保护区不同。其发展目标为：①保护优异的乡村景观的自然美、野生动物和文化遗产；②通过农业多元化和传统经济行为的重建，开发区域的经济和提高社会活力；③提升公众的认知和享受。乡村类文化景观保护应遵守以下几个原则。

2.1 保护乡村类文化景观自然与文化之间的纽带

乡村景观是持续发展的景观。区内的生产生活要求将不断改变区内的景观环境。与许多其他保护区对自然本身的关注有所不同，乡村景观保护区的关注点在于人与自然的联系纽带得以维护或重生。

我国的传统乡村地区形成以自给自足的农业经济为主体的农业文明，其精髓在于以家庭为单位的小农经济、厚生利用的持续发展观和精耕细作的农耕体系。如何在现代农业的发展过程中，维护和重申传统农业文明的精髓，是保护传统乡村景观的关键。不论乡村如何演变，保护区应该保留着较为完整的传统而独特的社会经济体系，能够作为地区的乡村传统文化代表，而不必拘泥于乡村文物的原状保护和客观物证的维持。例如，一块新增的家庭果园可能在生态和文化方面满足保护区的要求，但大面积的单一品种林地或果林则可能被视为来自于与当地传统的互动方式不一致的行动，是与当地生态和文化体系不合宜的因素。

2.2 保护乡村类文化景观的视觉质量

优秀的乡村景观保护区必须具有杰出的视觉质量。景观特征是"景观要素所造成的独特的、可识别的、持续如一的肌理，它意味着一处景观有别于另一处景观" [11]。我国乡村文化景观具有独特醒目的地域景观特征，例如地形地貌、植被、土地利用和建筑形式。通过对这些景观特征客观的描述和定期的返评，可以监测景观特征的变化，避免不和谐的景观要素发生及重要景观特征的消失。

2.3 可持续利用乡村类文化景观中的自然资源

优秀的乡村景观区必须拥有良好的生态环境，能够可持续地利用当地的自然资源。区域内拥有良好的空气、水和土壤质量，此外，地貌类型多样性、林木覆盖率、单位面积内野生植物的生物量提供了生物多样性的监测标准。

2.4 保护乡村类文化景观的完整性

乡村景观的完整性指乡村景观的维护程度，即乡村景观受到工业化、城市化或基础设施的负面影响的程度。这里指的是"负面影响"并非否定乡村景观保护区在工业化、城市化或基础设施方面的必要投入。对于通常位于不发达乡村地区的中国乡村景观保护区而言，村民渴望也理应获得高水平的生活，而不应被禁锢在"博物馆化"的乡村里面。乡村类文化景观保护区的管理重点在于科学管理保护区内的各种活动，并保证保护区内所发生的变化——如必要的乡村基础设施建设、城市化建设、原住民的社会经济活动和旅游者的旅游休闲活动——不损害保护区的自然和文化价值。

3 乡村类文化景观保护措施

乡村类文化景观保护区应从土地权属与管理责任、社会系统调控、经济发展引导、乡村景观规划等方面加强保护与管理。

3.1 土地权属与管理责任

乡村保护区可能被权威机构所拥有，但更可能成为私有和公有及其所造成的不同的管理方式的拼插[12]。例如，英国国家公园很大一部分土地面积由国家或土地信托机构所有，但主要的土地面积则属于众多的私人农场主，政府通过与当地农户签订合约的方式实施土地管理。我国许多风景名胜区在成立时并未改变土地权属，政府应承认土地在民法上的财产属性和土地的经济功能，同时以合同、协议等合约形式，确保当地居民对土地进行适宜的管护。当地居民拥有对资源的使用权利，包括在满足管护要求的范围内实施农耕的权益和居住的权益。

3.2 社会系统调控

乡村类文化景观保护区内拥有众多的利益相关者，包括原住民、旅游者、乡村第二居所拥有者、旅游业从业者等。社会调控规划应从农业发展规划、人口规模与分布规划、居民点性质与布局、产业与劳力发展规划等方面，为乡村景观保护区勾勒出适宜的社会运转机制。在农业发展规划方面，应从土地产权与使用权、土地整理布局与方式、农业经济管理控制、农业技术使用、农业经营与管理组织、农业土地利用等方面制定规划和规范。在居民点系统规划中，应与城市规划和村镇规划相互协调，保护有价值的传统村落，对已有的城镇和村点改造进行指导和控制，对拟建的旅游村、镇和管理基地提出控制性规划纲要。

3.3 经济发展引导

在乡村类文化景观保护区内，农牧等传统的土地利用方式是应该予以保护的土地利用举措。保护区应当鼓励和促进传统农牧方式的使用和更新。乡村居民通过对土地保护式开发的利用方式，获得必需的收入，其收入可能由国家补偿或补贴、农牧产品收入和旅游服务收入共同组成。乡村景观保护区可以推出保护区特有的认证，创立保护区独有的有机、生态农牧业形象与品牌。政府应给予适当的优惠税收、财政和投资政策，鼓励传统农牧方式的使用，宣传保护区特有的农牧品牌。

3.4 乡村景观规划

我国传统乡村共有的精耕细作的农耕体系，展现出一些共有的景观特征，如景观异质性、景观自然性和人工调控性[13]。景观异质性是中国传统乡村景观最醒目的景观特征，以粮油蔬菜果园为主的田园镶嵌体、村落、林地、水体、城镇组成的景观综合体，展现出优美多变的自然美和多样性。在我国乡村景观中，农耕体系与自然紧密相依，山水、树林、绿篱、林带、河流沟渠、田畦等提供了野生动植物栖息繁衍的场所。不同地区的农耕体系造就了丰富的景观人工调控性，排灌渠道、喷灌系统、蓄水池、防护林网、石墙、踏石、薪炭林/水口林等众多景观要素提供了人类改造自然的物质遗产。乡村类文化景观保护，应当从景观异质性、景观自然性和景观人工调控性3方面入手，保护地域独有的重要景观要素。

4 结语

景观是一个复杂而互相联系的整体系统，乡村景观保护区需要区域性的尺度才能发挥作用。只有通过区域性保护，才能获得

必需的生态价值，重建当地的传统经济运作体系，有效维护当地的景观特征和传统文化。区域性的保护，有可能促使乡村地区成为国际或国内知名的旅游目的地（例如英国的科斯沃德地区和湖区国家公园），形成强有力的景观遗产品牌，为当地带来持续的经济收入和就业机会。正因如此，"乡村类文化景观遗产的保护，具有保护民族文化和消除地区贫困的双重任务"[14]。以风景名胜区作为平台，建立区域性的乡村类文化景观保护区对于保护我国自然文化遗产、促进乡村可持续发展具有重要的意义。

参考文献

[1] UNESCO. Operational guide lines for the implementation of the world heritage convention [M].Paris: UNESCO world Heritage Center, 1999.

[2] IUCN. Guidelines for protected area management categories [M]. IUCN, Gland,Switzerland and Cambridge, UK: IUCN Publication Services Unit,1994.

[3] Phillips A. Cultural Landscapes: IUCN's changing vision of Protected Areas[M]//Caccarelli P, Rössler M. Cultural landscapes: the Challenges of conservation .Paris: UNESCO world Heritage Center, 2003: 40-45.

[4] Fowler P. World Heritage Cultural Landscapes, 1992-2002: a review and prospect[M]//Caccarelli P, Rössler M. Cultural landscapes: the Challenges of conservation . Paris: UNESCO world Heritage Center, 2003: 16-32.

[5] 陈英瑾.英国国家公园与法国区域公园的保护与管理[J].中国园林，2011(6): 61-64.

[6] 丁洪.风景名胜区保护建设之我见[J].中国园林，2002(1): 16.

[7] 孙喆.西湖风景名胜区新农村建设的实践与思考[J].中国园林，2007(9): 39-45.

[8] 陈耀华，金晓峰.新农村建设背景下风景名胜区与居民点互动关系研究：以方山一长屿硐天国家级风景名胜区入口村庄为例[J].旅游学刊，2009，24(5): 43-47.

[9] 苏杨等.刍议主体功能区划中禁止开发区的划分[J].环境经济，2009(3): 27-32.

[10] 肯·泰勒.文化景观与亚洲价值：寻求从国际经验到亚洲框架的转变[J].韩峰，田丰编译.中国园林，2007(10): 4-9.

[11] Swanwick C. The Assessment of Countryside and Landscape Character in England : An Overview[M]//Bishop K, Phillips A. From Global to Local: Developing Comprehensive Approaches to Countryside and Nature Conservation. London: Earthscan, 2003.

[12] IUCN. Guidelines for protected area management categories [M] . IUCN , Gland ,

Switzerland and Cambridge ,UK: IUCN Publication Services Unit,1994: 22.

[13] 王锐，王仰麟，景娟.农业景观生态规划原则及其应用研究：中国生态农业景观分析 [J].中国生态农业学报，2004(4)：1-4.

[14] 单霁翔.乡村类文化景观遗产保护的探索与实践 [J].中国名城，2010(4)：4-11.

探索前行中的文化景观

韩 锋 《中国园林》 2012 年第 05 期

摘要：回顾了 2 年来国际国内文化景观的探索及示范性案例，阐述了文化景观的前沿思考，梳理了联合国教科文组织《关于城市历史景观的建议书》的解读难点，解析了杭州西湖文化景观对世界遗产的杰出贡献，提出了中国风景名胜区文化景观基础研究的迫切性以及对于解读庐山等世界遗产文化景观价值的重要性，介绍了扬州瘦西湖文化景观价值研究对于国际文化景观方法论的应用及中国文化景观研究方法的探索，指出了遗产地能力建设是遗产可持续保护与管理的根本保障。

关键词：风景园林，城市历史景观，世界遗产，文化景观，中国风景名胜区，价值，研究，能力建设

对于文化景观而言，过去的 2 年，是值得大书一笔的。

在国际遗产保护领域，文化景观热点不断，影响不断扩大，体现了文化景观极强的开放性和拓展性。文化景观价值的评估技术和方法正在不断完善，动态演进中的真实性和完整性成为关注的焦点。景观议题正在成为地区性、国际性的管理议题，各类国际文件、地区管理框架正在热议之中。

2011 年，关于景观议题，最为瞩目的是联合国教科文组织在 2011 年 11 月 10 日通过了《关于城市历史景观的建议书》(Recommendation on the Historic Urban Landscape，以下简称《建议书》) 的"新建议"，标志着文化景观在遗产保护领域首次进入城市历史遗产保护领域，并成为引领城市历史遗产保护的新方法。在此之前，文化景观一直徘徊在城市之外的遗产保护领域。由于《建议书》是通过各国政府间咨询的文书，有可能对中国的城市遗产保护有重要影响，因此，正确解读该文件十分必要。

与此同时，与土地等自然资源利用和城市化进程密切相关、处于高速变化之中的乡村景观成为一大热点，对乡村景观传统价值的挖掘、乡村景观分类体系和管理方法的探索正在各国不断深化。

在本期文化景观的主题文章中，特地邀请了莫妮卡·卢恩戈女士 (Monica Luengo) 对国际热点进行了全面梳理，并请罗·范·奥尔斯博士 (Ron Van Oers) 和珍妮·列侬博士 (Jane Lennon) 分别对其中"城市历史景观"和"乡村景观"议题作了精辟的解读和探讨。

在中国，作为缺口项目的文化景观，于 2011 年在遗产保护领域取得了突破性的进展。这一年，杭州西湖文化景观成功登录《世界遗产名录》，为中国的遗产保护写下了浓重的一笔。这是中国第一个自主提名并获国际认可的世界遗产文化景观，对世界遗产文化景观作出了重大贡献，具有里程碑式的意义。从此，在世界遗产文化景观领域，由中国深度诠释的文化景观价值不再空

白，而此前的庐山与五台山的文化景观价值都不曾由中国深度阐述。

中国对于世界遗产文化景观的认识正在遗产地进一步加深，对世界遗产文化景观的历史误解也在进一步澄清，以遗产价值认知为基础的遗产地能力建设正在得到重视。联合国教科文组织《世界遗产保护和管理中国项目——庐山文化景观价值研究》，在2011年取得成效。研究通过大量国际、国内对庐山价值的认定和比照，解读了庐山作为第一个以文化景观价值登录世界文化遗产的历史过程，解除了遗产地长期以来对文化景观的误解及背负的历史包袱，统一了遗产地的认识，打下了遗产地能力建设的基础，架构了世界遗产与中国文化景观之间的桥梁。

在过去一年中，如何在国际对话平台上，建构和解读中国文化景观的价值体系，建立中国文化景观价值的评估方法论及技术方法，是中国与国际社会接轨的重点。世界遗产预备名单研究项目——《扬州瘦西湖文化景观价值研究》对此作了重点探索，取得了重大进展，并且与教科文《建议书》殊途同归，研究带动了对扬州历史城市性格和城市文化价值的再确认，显示了文化景观作为方法论的整体协同和架构能力。以上每项探索都值得深度探讨与交流，其探索过程中的思考及启示尤其值得关注。

1 "城市历史景观"（Historic Urban Landscape, HUL）

"城市历史景观"是2011年一大国际热点。然而，联合国教科文组织的《建议书》看似简明扼要，但其实并不是一个容易理解的文件，甚至可以说，是一个极度容易误解和误读、容易引起争议的文件。《建议书》项目历时6年。笔者于2010年2月在联合国教科文组织总部巴黎世界遗产中心参加专家会议，全程参加了为期3天的该文件逐字逐条的修订工作，其中有足足半天时间是用来解释该文件的背景文脉的，可惜最后通过的终稿略去了诸多解释性的背景及相关定义，对全面理解文件造成了困难。为此，本期特别邀请了教科文组织世界遗产中心该项目的负责人范奥尔斯博士（Ron Van Oers）为中国读者对《建议书》作了特别解读。但由于读者的不同文化背景，有些对于中国读者可能存有的疑义，仍未有详尽的解释。笔者认为以下共识仍需特别强调，它们是理解《建议书》和"城市历史景观"的基础。

（1）"城市历史景观"不是新的景观类别，尤其不是特指城市的古迹遗址或历史园林、绿地。

（2）任何城市都具有历史脉络和历史层累。《建议书》适用于所有城市中自然与文化、物质与非物质的历史脉络和价值的保护，而不仅仅适用于"历史城镇""历史名城"等特殊保护类别之下城市。这一认识大大拓展了既往城市保护的遗产概念、范畴和领域。"城市历史景观"作为教科文组织"Historic Urban Landscape"的官方中文翻译是进行了斟酌的，直译的"历史城市景观"将会引起很大误解，因为人们对"历史城市"通常已有固定的认知。所谓的"新建议"之"新"是针对以往只注重城市建筑遗产、物质遗产，忽视城市自然遗产、非物质遗产，对城市"历史古城中心区"进行"孤岛式保护"的城市遗产保护模式而言。

（3）"城市历史景观"中的"景观"是多义的，这一点对于理解文件尤其重要，文件中没能作出清晰而充分的解释。其一，"景观"指方法论，是文化景观整体方法论在城市保护与发展中的推进和应用，以自然、文化整体动态演进的方法审视城市历史、鉴别城市价值，在发展中保护和强化城市物质与非物质特征。其二，"景观"是指城市中所有作用及相互作用的自然与文化、物质与非物质属性要素，覆盖了自然系统、事件空间、土地使用、地形地貌、生态结构、植被水体、流通循环、视觉结构、社会使用、建筑构筑等多个方面，各要素的意义在于多层次地表达和记录了不同文化族群的自然观、社会竞争及利益诉求，是城市价值的承载体系。在景观体系中，建筑物、遗址只是其中的一个要素。其三，"景观"是城市一切物质、非物质要素相互作用后的整体的、真实的、可视的、可感知的外化结果，因此景观可以作为城市的目标管理对象。欧洲风景画是理想生活图景的表现，如画的风景是生活质量、文化品质的象征，《欧洲景观公约》正是据此将景观作为管理对象和管理目标的。对于景观多义性的理解，有助于回答"为什么'景观'可以作为城市保护的方法？""为什么'景观'成为管理的目标？"等问题。

（4）"城市历史景观"立足于发展。《建议书》不提倡凝固、静态的历史遗产保护，而是突出强调遗产与发展的协调关系，强调在动态发展变化中保护、传承和发展城市遗产和精神。遗产保护的这一发展观念在2011年十分引人注目，从2011年的一系列会议，如联合国的"世界遗产与可持续发展"、世界遗产中心的"世界遗产与可持续旅游"、ICOMOS大会主题"遗产是发展的动力"，都可以清晰地看到遗产保护与社会发展相结合的思路。这种思路可以从2个方面来解读：一方面是遗产保护必须与发展相协调，脱离发展的遗产保护已经无法生存；另一方面遗产对于发展的推动作用远未发挥，其重要性还远远未被认知。《建议书》给城市遗产保护指出了发展的新机遇，但同时也提出了在发展变化中保护遗产的更高要求。

"城市历史景观"的理念在很大程度上与20世纪90年代兴起的"景观都市主义"（Landscape Urbanism）相契合，虽然鲜见将二者相提并论，但二者关注的焦点和方法论极其相似。二者都关注全球范围内城市发展所遭遇的巨大挑战、社会/经济的高速变化与发展、快速无序的城市化及人口迁徙，关注到城市自然与文化历史肌理破碎、功能特征衰退、社区功能活力丧失以及环境质量的急剧退化。均将城市理解为活态的生态系统，强调景观是所有自然过程和人文过程的载体和结果。二者都将景观作为整体方法论，以景观方法取代传统建筑学方法，将自然生态系统、非物质社会/经济/文化系统整体纳入城市发展，谋求城市发展中可持续的人地关系，强化城市文化身份的认同。

对于"城市历史景观"的理解，不仅有着地区或地域文化背景的差异性，而且还有语言文字上的歧义性，如果不加消化地收纳，不但无益，反而造成认识上的混乱。英文版的《建议书》目前在英国尚有语言上的诸多质疑，相信中文版会有更多疑义。对于国际文件的质询、讨论、争论、理解是主动吸收的必要环节、过程和方法。理解文件精神，对于《建议书》在中国的实践应用至关重要。

2 杭州西湖对世界遗产文化景观的贡献

历经了 10 年漫长申遗之路，西湖终于登录《世界遗产名录》了，中国终于有了第一个自己提名并获国际认可的世界遗产文化景观，世界遗产文化景观自设立起终于盼来了中国这个"文化景观大国"的第一个文化景观的提名。杭州西湖的登录是"对亚洲地区、对世界遗产的重大的历史性贡献，它代表着东方文化的崛起"。西湖文化景观的登录再一次证明了中国风景名胜区杰出的世界遗产文化景观价值。中国风景名胜区杰出的文化景观价值令人叹为观止，每一次国际会议上传递的价值都会引起热烈反响。国际古迹遗址理事会（ICOMOS）主席阿劳兹先生（Gustavo Araoz）盛赞"这是一种与我们所熟悉的自然观完全不同的文化，它足以让我们睁大眼睛来倾听，难以忘怀"。

西湖的登录在国际上其实没有什么悬念，国际上对她的评价一直都高于国内，国际古迹遗址理事会—国际风景园林师联盟文化景观科学委员会（ICOMOS-IFLA ISC on Cultural Landscapes）有近 1/3 的委员到过西湖，无一例外地将其视为珍宝。在 2008 年加拿大魁北克 ICOMOS 大会国际科学研讨会上，笔者关于西湖文化景观的报告赢得了热烈的掌声。科学研讨会委员会主席加拿大拉瓦尔大学的图尔戎教授（Laurier Turgeon）亲自挑选了该论文[1]，还特地到会场聆听了报告，最终将论文编入大会会议精选集加以出版，他说：" 文中的西湖实在太迷人了，这是一个我一定要去的地方"。古巴教授赫尔南德斯（Julio César Pérez Hernández）激动地说：" 如果可以，我愿意为西湖这位东方美人单膝下跪，她彻底征服了我"。这就是中国风景名胜区跨越国界的魅力。

笔者曾撰文：" 就国际贡献而言，中国的特殊贡献在于它具有一种特殊的文化景观，它集世界遗产文化景观 3 个子类于一体。最典型的，是中国风景名胜区系统中文化景观，它们很多拥有共同的特点：具有突出的人文和自然双重特征，是人和自然共同作用的杰出作品。它们是人类设计的作品，是持续的有机演进的人类聚居地，与文化、艺术、宗教高度关联，并且经历了历史的千锤百炼。他们是中华民族天人关系的实践和见证，是中国文化的象征。而杭州西湖，正是其中的一个典范。"[2] 如今，西湖名至实归，实感欣慰。西湖登录的意义首先在于它贡献了一种新的文化景观，它同时覆盖世界遗产文化景观 3 个子类，西湖杰出的风景设计艺术、自然与人文相互作用的成功演进史、西湖"人间天堂"所呈现的高度的文化象征性以及赋予自然的深刻的人文含义，为世界遗产文化景观的每一个子类都作出了全新的、中国式的价值诠释，具有突出的东方地域性、亚洲地区代表性和全球普遍意义，因此，西湖的登录才会是"对亚洲地区、对世界遗产的重大的历史性贡献"。

其次，西湖的成功演进和可持续发展，令人赞叹，具有全球示范意义。由于文化景观具有动态演进的特性，文化景观的真实性和完整性一直是国际关注的重点和最具挑战性的议题。文化景观价值的真实性和完整性，包含着非物质传统精神的传承与发展，遗产地精神的传承是对遗产保护最高层次的要求。西湖无疑是成功的，过去是天堂，现在仍然是天堂。

西湖的人文，西湖的景观，不是一朝一夕的功力所能成就。西湖的品性，优雅、精致、浪漫及闲适，经千年锻造而成，并随着时间慢慢浸入这方水土、这方人，成为一种地域性格和文化品格。如果说"传统是不为人所见的在地下伏流的泉水"[3]，那么今天的西湖，依然奢侈地拥有着这取之不尽的甘泉。她骄傲地拒绝以匆忙的脚步走过人生，精心维持着心仪的生活方式，在车水马龙一侧的湖光山色中安放着优雅和闲适，秉承着传统精神，从容精致地享受着每一天。林语堂先生把他的最高奖赏给了懂得休闲的人，他说：" 凡是用他的智慧来享受悠闲的人，也便是受教化最深的人。"[4]

西湖深得传统遗风，谨记李白的"清风朗月不用一钱买"。"清风朗月"是中国人的精神食粮，自然山水是中国人的精神家园，将其商品化便是亵渎，于是西湖成了中国唯一不收门票的遗产地。西湖正是以这种方式骄傲地维护着传统的浪漫、自尊与高贵，于是我们明白为什么在本土文化景观遭受严重商品化、全球化冲击之际，西湖却仍然能够优雅从容地闲庭信步。

无论从环境公正的角度，还是从文化景观的社会性、政治性和经济性角度，或是从遗产的可持续保护与发展角度，杭州西湖的遗产保护都是一个值得研究的国际级成功案例，它生动地演绎并展示着遗产地精神的传承与发展。西湖的成功经验，是对世界遗产文化景观真实性和完整性的成功诠释和重大贡献。西湖文化景观的可持续发展对杭州城市发展起到了极大的、积极的促进作用。景观建设能够带动城市的发展，强化城市身份特征，增进社会归属感，对"城市历史景观"的应用具有极大的启示作用。正因为如此，联合国教科文组织世界遗产中心与杭州西湖一拍即合，在"首届城市学高层论坛"之际签署了合作备忘录，杭州有可能成为中国探索"城市历史景观"应用方法的首个研究和实践对象。

3 庐山与中国风景名胜区文化景观价值基础研究

从庐山到五台山到西湖，走过的路程清晰地反映了中国文化景观认识和保护的发展足迹，反映了国际文化景观在中国从被动接受到质疑、对话、沟通再到贡献的历程。

庐山是世界遗产文化景观在中国的困惑源头。1996 年登录的庐山，是中国第一处以文化景观价值登录的世界遗产，第一次将"文化景观"这个词汇带入中国遗产界。但对于中国公众、对于庐山遗产地来说，庐山登录的价值、类别及名称始终是一团迷雾，这主要基于 2 个问题：第一，以文化景观价值登录的庐山没有出现在今天的世界遗产文化景观名单之中，在可查的分类中，庐山属于"世界文化遗产"，那么庐山到底是不是文化景观？第二，由于庐山的文化景观价值是国际组织建议和认定的，而不是中国自主认识主动提名的，因此庐山得以登录的文化景观价值并没有在国内经过充分酝酿和认可，也始终没有统一的口径，那么庐山的文化景观价值究竟是什么？鉴于庐山长期存在的以上困惑以及世界遗产文化景观在中国的重要性，2010 年联合国教科文世界遗产保护和管理中国项目对庐山文化景观展开了研究，这项研究给了我们一个深入探究"庐山真面目"并为其"解惑"的机会。

研究发现，登录世界文化遗产 15 年以来，以文化景观价值登录的庐山一直走在世界遗产的"迷雾"之中，给庐山的价值认知造成了极大的困扰。遗产地对于文化景观众说纷纭，"有人说庐山是文化遗产，有人讲庐山是自然与文化双遗产。还有人讲，文化景观遗产是我们中国人自己商量的类型，联合国世界遗产委员会认可的遗产；更有甚者，有人认为庐山的世界文化景观是整个世界遗产中最低等的一种类型"[5]。庐山现场会议上更有遗产地资深老专家愤懑道："为什么庐山倾注了满腔心血的努力换来的只是一块'铜牌'？"

在联合国教科文旗舰项目世界遗产文化景观设立 20 年的今天，中国的遗产地尚存这样的疑虑，文化景观遗产工作者的心情是沉重而焦虑的，庐山案例说明世界遗产文化景观的相关基本知识还远未在中国遗产地普及，我们的遗产地培训工作还远未到位，远未深入基层。

庐山的第一个问题很容易解决。庐山作为"人文圣山"、风景名胜区的杰出代表，文化景观价值应是其基底价值。庐山登录世界遗产时，世界遗产委员会的决议也清晰可查："基于文化遗产标准第二、三、四以及第六条，世界遗产委员会决定将庐山以文化景观列入世界遗产名录。庐山以其突出的美学价值以及其与中华民族精神和文化生活的紧密联系列入遗产名录。"庐山之所以不在今天的文化景观名录之中，原因很简单，只因当时文化景观是新兴的类别，对其分类不如今天这般细化。把庐山归在文化遗产之中也并无差错，因为在世界遗产中文化景观是文化遗产中的一个类别。细心的读者会发现，世界遗产的分类名单并不十分严格，有的遗产同时出现在文化景观和混合遗产名单之中，澳大利亚的乌卢鲁—卡塔曲塔国家公园 (Uluru-Kata Tjuta National Park) 就是一个例子。

庐山的第二个问题才是实质性的问题。庐山的文化景观价值不是中国主动提名的，庐山所其申报的混合遗产价值与登录的文化景观价值是有差距的，二者之间价值的聚焦点也不相同。因此，庐山的文化景观价值在中国没有细密的论证过程，没有深入、全面的探究，也就不可能有深度的诠释。决议中笼统的"庐山以其突出的美学价值以及其与中华民族精神和文化生活的紧密联系"的价值描述没有能够阐明庐山文化景观价值的独特性，这种价值的承载物、价值管理的对象都没有明确。这些空白是庐山申报登录之时没有解决的历史遗留问题。那么，庐山的文化景观价值究竟是什么？具体的价值对象又是什么？

这个问题并不仅仅属于庐山，中国的所有风景名胜区都面临着文化景观价值的认知问题，这同时也是中国风景名胜区管理的首要基本问题，因为可持续的遗产管理必须以遗产价值认知为基础，以价值保护为依据、为导向。

以自然为基底的中国风景名胜区，是典型的文化景观。在国际认知中，亚洲具有杰出的文化景观，中国是亚洲的代表[6]，而中国杰出的文化景观则来自中国风景名胜区。费勒教授认为中国现有的世界遗产如黄山、泰山、峨眉山、青城山等风景名胜区都应是文化景观[7]。

从庐山到五台山，再到西湖，国际社会一而再、再而三地把世界遗产文化景观的桂冠给予了中国风景名胜区。与世界遗产文化景观相关的贡献都来自中国风景名胜区，这绝对不是一种偶然，中国风景名胜区的基底价值——文化景观价值，决定了中国风景名胜区对世界遗产文化景观的巨大贡献。当前的问题在于国际社会关注到并认可的中国风景名胜区文化景观价值，尚未在中国国内引起足够的关注，中国风景名胜区文化景观价值的系统研究尚

未全面展开。风景名胜区中的乡村议题及其遗产价值甚至还未引起关注。

中国风景名胜区的文化景观价值，终究不可能由国际社会作出深度诠释，这项工作必须由中国自己来完成，在价值认知的过程中完成价值的确认，明确遗产地的价值保护目标、管理对象和管理方法，才有可能实现遗产地的可持续保护与管理，才能认识到中国风景名胜区在国际保护区体系及遗产体系中的独特性，才能继承中国文化传统精髓，走出中国自己的保护和发展之路。中国风景名胜区体系文化景观价值的系统研究，是当务之急，也是长期而艰巨的工作，具有深远的战略意义。

4 扬州瘦西湖与文化景观方法论的应用与探索

中国风景名胜区的文化景观价值需要大量深入、细致的研究，在研究的基础上才能得出科学的结论。"瘦西湖文化景观价值研究"是一次对文化景观方法论全面、系统的成功探索和运用，获得了大量超出预期的研究成果。

"瘦西湖与扬州历史城区"，位列中国世界遗产预备名单之中。"瘦西湖文化景观价值研究"旨在探索文化景观研究方法的普遍性及其与世界遗产文化景观特殊评估方法的整合，在研究方法上既与国际接轨，又重在探索中国文化景观特色。

文化景观方法论给瘦西湖研究带来了宽广的视野。文化景观追根溯源，透过眼前的景观表象，将遗产的真实性考察置于历史的演变之中，强调历史中层累的文化真实，探索在历史中形成的景观性格，并将遗产的完整性与历史真实性相结合。这一历史视野，使得研究大大突破了既往聚焦瘦西湖造园艺术的局限性。研究结合考古证据，从一开始就将瘦西湖的起源研究与扬州历代古城紧密联系，首次提出了将瘦西湖作为"扬州历史城壕景观"的研究视角。这是一项重大的转变，放宽了历史的视野，将瘦西湖作为与扬州古城休戚相关的历史城壕整体的一部分、历史的发展片断加以研究，彻底颠覆了对瘦西湖意义的传统解读，填补了瘦西湖研究的诸多空白，从根本上确立了扬州瘦西湖与杭州西湖截然不同的文化景观价值，是瘦西湖遗产价值的全新探索。

国际文化景观理论与实践为扬州瘦西湖的研究提供了方法和工具。文化景观的档案、评估、真实性和完整性研究方法在瘦西湖得到实践性应用。文化景观最前沿的"景观性格"是瘦西湖研究的重点，瘦西湖研究全面应用了《英格兰——苏格兰"景观性格评估"框架》，建立了一整套与国际接轨的、针对中国文化特色的景观性格评估体系，通过多学科合作，对景观形成过程中注入的社会、政治、经济、文化、宗教意义进行深度的分析和解读，并从中国特有的文学、绘画、造园 3 个方面对瘦西湖进行独立的话语分析，探究、印证瘦西湖的景观性格、文化意向以及曾经达到的文化高度。

"瘦西湖文化景观价值研究"的意义在于它不是指向世界遗产、以登录世界遗产为目标的。世界遗产是一个价值交流和参照平台，全球视野下的本土价值研究、保护与发展才是遗产应该回归的真正起点和终点。对于历史遗产价值的深度认识，以及历史遗产价值对城市性格、城市精神的重要作用的理解，是国家和地方的重要财富，是指引未来的智慧。

我们始终相信，国际文化景观的经验、方法和工具有助于促

进中国文化景观价值的梳理，中国文化景观的价值必将极大地丰富国际文化景观的理论和实践，也将在世界文化景观的价值体系中凸显中国文化景观的特征。所有的一切需要脚踏实地、扎扎实实地从头做起，从基础研究做起。

5 结语

探索前行中的国际国内文化景观告诉我们，文化景观这一议题才刚刚拉开序幕。文化景观正在走向更宽广的、基于发展及和谐人地关系的可持续领域。

文化景观近年来在中国受到了政界、学界和业界的高度关注。世界遗产文化景观与中国遗产实践的高度相关性，极大地推动了各个领域对文化景观研究、保护与管理的重视与投入，这一切，对于中国文化景观的探索与发展，无疑是一大契机。

领先的理念、扎实的研究，是中国文化景观遗产价值科学保护和管理的基础。但是，仅有少数研究人员、专家掌握遗产的知识和技能，是不能达到拯救遗产的目的的。如果遗产价值缺乏社会认同，遗产的知识和技能不能为社会、民众、遗产地社区及管理者所掌握，我们的遗产保护事业岌岌可危。庐山、西湖、瘦西湖以及其他遗产地的实践都告诉我们，遗产地的能力建设是遗产保护之根本，遗产地对于遗产知识技能的普及有着急迫的需求，专家和学者有责任走向遗产地传播知识，并且也必须在中国遗产保护实践中检验国际理论和方法，与遗产地一同探索本土的、切实可行的、具有中国特色的遗产保护之路。这是对中国的贡献，也是对国际社会的贡献。

参考文献

[1] Han F. The West Lake of Hangzhou: A National Cultural Icon of China and the Spirit of Place[M]// Turgeon L. Spirit of Place: Between Tangible and Intangible Heritage. Quebec: Les Presses de l'Universite Laval, 2009: 165-173.
[2] 韩锋.文化景观：填补自然和文化之间的空白 [J].中国园林，2010，26(9): 7-10.
[3] 徐复观.中国人文精神之阐扬 [M].北京：中国广播电视出版社，1996: 135.
[4] 林语堂.生活的艺术 [M].北京：华艺出版社，2001: 157.
[5] 李延国.联合国专家来庐山讲授世界文化景观 [EB/OL] (2010-09-15)[2012-03-15]. http://www.chinalushan. com/html/20100921/1b5c98c7f9c01ee0e52479c3d84 b5bc8.html.
[6] Taylor K. 文化景观与亚洲价值：寻求从国际经验到亚洲框架的转变 [J].中国园林，2007(11): 4-9.
[7] Fowler P. World Heritage Cultural Landscapes,199202002: a Reviewand Prospect[M] / / World Heritage Paper 7. Cultural Landscapes: the Challeges ofConservation . Paris: UNESCO World Heritage Center,2003: 23.

以类型从事建构
——室内类型设计与形态生成法则研究

卫东风《装饰》2012 年 07 期

摘要：本课题研究以建筑类型学理论为指导，解析室内类型要素和类型特征，研究类型转换、类推设计和应用途径，探析室内类型设计方法与形态生成法则。作为一种尝试性研究和对室内形态发展的类型学思考，希望对室内设计实践有一定的指导意义。

关键词：建筑类型学，室内类型，类型提取，类推设计

0 引言

类型学（Typology）：对类型的研究，一种分组归类方法的体系研究。"类型"在现代词汇中更加强调其方法论的特征。建筑类型学是在类型学的基础上探讨建筑形态的功能、内在构造机制、转换与生成的方式的理论。建筑类型学理论经过了原型、范型和第三种类型学的发展，形成了建筑类型学理论的两个重要特征：从地区中寻找"原型"的新地域主义中的建筑类型学；从历史中寻找"原型"的新理性主义中的建筑类型学，[1] 代表人物阿尔多·罗西的研究将类型学的概念扩大到风格和形式要素、城市组织与结构要素、城市历史与文化要素和人的生活方式，赋予类型学人文内涵。

"室内类型设计"是南京艺术学院室内设计专业开设的理论课程，笔者在备课的过程中，查阅了诸多相关理论资料，发现鲜有关于室内类型设计方法研究的前例，以建筑类型学理论为指导探析室内设计实践的研究亦不多见。本文尝试通过室内类型课题研究，总结当代室内类型变化和室内形态生成法则。

1 室内类型特征分析

1.1 室内类型划分

（1）室内类型的划分中大多是以建筑功能类型作为标准的。一般来讲，有什么样建筑就会有什么样的室内空间，如民居住宅类建筑的居住空间室内类型，行政与商业办公建筑的办公空间室内类型，商店、商场等商业空间室内类型，以及图书馆、博物馆、大会堂、歌剧院等公共文化空间室内类型，火车站、地铁站、机场大厅等公共交通空间室内类型，酒店餐厅建筑室内类型等。

（2）室内类型划分是有问题的。根据行业划分的树状形式，强调不同类型空间与功能之间的区别和个性，它们往往表现为根据不同行业的特点而制定的不同的空间模式、功能组成和面积标准。问题在于：其一，分类笼统而模糊，影响设计师对深入展开的室内设计共性比较与个性设计；其二，由于受到在新建筑功能使用等方面限制，过于关注个别类别设计而忽视建筑与室内空间的共性与空间再生性，在很大程度上制约了不同空间类型之间的转换可能性。没有考虑到建筑与室内类型的可变化性特点，当建

筑的原有功能丧失，其空间类型会随着新功能需要而转变。

1.2. 室内类型特征分析

（1）功能性特征。空间的使用功能对类型形成影响最大。室内空间是建筑功能类型的延续。功能性空间布局形成室内类型的原初形态和模式，考察原初形态和模式是认识室内类型特征的主要渠道。以餐饮建筑为例，其室内功能布局，首先须满足餐饮环境的使用要求，餐饮空间室内类型特征是由符合常规使用习惯的空间布局和空间规模所决定的。餐饮空间功能性布局包括两大基本空间：就餐空间和后厨空间，长期积累的习惯布局安排，随着时代更迭变迁和商业形态的变化，形成各有差别又有联系的原初空间模型。解析室内类型特征需要从最基本原型——对室内空间的功能性特征认识入手，通过比对不同空间在满足功能需求中的布局及形态差异，搜集类型要素。

（2）时代性特征。建筑空间随着时代的变化而变化，尤其是当代建筑思潮对建筑形态变化的影响更多更大，建筑空间的改变速度更快。随着建筑空间时代性更迭，室内类型有着鲜明的时代性特征。其表现在：建筑形态的新范型不断涌现；新科学观影响建筑观，有更多的方法表达新建筑形态，借助数字生成技术和涌现理论等，产生了以往从未出现过的新奇特异的建筑空间形态，被人们接受并成为范型；建筑支撑和结构影响室内空间的利用，围合方式的多样化，也影响人们室内空间形态的认识；自由平面带来了室内类型的多元化和新范型；此外不同时期流行性的时尚元素也影响室内布局和形态，室内类型特征在不断变化中。

（3）风格性特征。类型与风格紧密关联。不同的设计风格影响室内类型和空间形态，相同的空间规模与场地，以不同的风格要素施加影响和组合，可以呈现相异类型特征。以商店空间为例，不同的产品经销、产品风格对商业空间形态有不同的要求，古典主义风格、欧陆风情、乡村风格、未来风格等都对待空间规划和形态有独特要求，反映在室内平面、立面、家具、设施的变化上并形成类型特征。风格性特征会在一定程度上改变室内原型，是室内类型的附加特征，对室内类型风格性特征的认知，有助于我们分辨室内类型特征的主次关系，风格性特征有其流行性特点，要了解风格对空间形态变化作用，不能依赖风格设计改变一切。

（4）地域性特征。地域通常是指一定的地域空间，是自然要素与人文因素作用形成的综合体。不同的地域会形成不同的镜子，反射出不同的地域文化，形成别具一格的地域景观。室内类型有着鲜明的地域特征，不同地域的建筑和室内空间，会受到地域人文影响从而形成有当地特色的空间处理和空间装饰。如中国南北方、东部西部地区气候差别、习俗差别、使用方式差别以及室内家具布置、装饰理念都会影响室内类型特征。研究类型特征的地域性差异，对地域性特征的系统进行归纳和提取，是室内空间设计创新的素材和源泉。

（5）交叉与综合性特征。建筑自建成使用开始，其建筑和室内类型就会因不同人和不同时期的使用要求发生变化。以旧建筑改造为例，随着城市更新和产业模式、人们生活方式、工作方式等诸多改变，许多旧建筑要么是被拆掉，要么是被赋予了新的功能和用途，其变化的结果是新室内类型的生成，这是室内类型的交叉性特征之一，是被动的交叉。旧建筑原型、旧的室内设施和

新的室内使用带给人们复合的、交错空间体验和新奇感，丰富了空间的人文特色。而有意识地采用多功能空间集合、混搭设计，作为一个创新设计方式，将单一的室内功能多样多元化，是主动地创造交叉，形成跨类型的多元室内空间，丰富的类型关系，给使用者带来新的空间体验。

2 室内类型设计要素

2.1 图底关系要素

图底关系对于理解室内平面形态关系有着十分重要的意义。通过对不同功能空间的布局分析，可以发现构成类型设计要素的图底关系和规律。这种图底关系首先是由各个不同使用功能和长期习惯所积累的室内平面布局形态而产生，通过对平面布局形态中的建筑要素、室内隔断、家具与陈设要素等实体形态的抽取，可以清楚地显见实体形态与虚空背景的空间形态的图底图形。图底图形直接显现室内平面形态、实体形态与空间形态的相生、反转、共生的关系。我们可以从反转的图底关系中抽取相异的体块、路径、层次、模型。其正负形、组织、秩序、共生关系帮助我们厘清和理解室内类型特征，成为室内类型设计与新形态生成的基础。

2.2 空间组织要素

包括对功能区域与节点、路径与界面的排列、穿插、组合以及空间等级关系梳理安置。不同的室内类型和功能空间有不同的构成方式，其空间组织原则与规律存在很大的差异，通过图底关系的分析，可以厘清室内类型中的组织要素。每个室内类型特点均反映在它的空间布局和组织之中，如餐饮空间网格与层次组织、娱乐空间自由与散点组织、观演空间的集中式组织、商店空间的岛式与回字形组织、交通空间的串联与线性组织等都存在各自的功能特征、风格样式和组织特点。通过空间组织要素的分析，有助于我们去除室内空间中琐碎的形态与细节，把握功能区域体块、结构框架、序列与系统的变化规律。

2.3 空间操作机制要素

与平面形态和组织关系相比，空间操作机制的问题是相对隐含的，它不是设计操作的直接对象，体现了更多的内在因素作用及其相互关系。影响室内类型的操作机制有：其一，单一的形式，统一协调的平面布局形态，兼顾了主要功能和使用目的，完整的平面形态具有同一类型的传承与习惯性操作特点；其二，离散的形体，表现了同一类型平面形态的丰富性和多元化，突出主要空间特点，兼顾多种使用目的；其三，层叠的结构，更多地满足多重使用目的和多"层"空间结构，其室内类型有重叠和交叉的特点，同一平面中设置不同区域，且彼此之间相互独立，没有必然联系，如独立的交通空间，并置的主题空间，共享空间与辅助空间相互分离，形成特有的室内类型与空间模式。

2.4 场景及道具要素

室内类型特征由体现不同功能需求的场景构成，如会议型场景：空间围合稳定，系统性强，有特定的前后和主次、相背关系；

剧场型场景：向心性，能够容纳自发的或有组织的活动，每一个可以被参与的公众看见的实物、立面、陈设、图案都是经过精心挑选和塑造的；宫殿型场景：高大的公共空间和室内中心景观与装饰营造宫殿般的、标志性的集中场景；景观小品型场景：线性地散落在室内路径的各个角落；街道型场景：在公共空间中营造一种开放的、连续变化的、复合界面、有视觉导向的室内"街道"空间；室内家具、隔断、陈设、灯具等设施是影响室内类型特征和变化的道具要素，与场景要素形成图底的对应。

2.5 表皮及光影要素

表皮与光影是室内类型的表情标签，勾勒了时空的形态，延伸了空间，丰富了空间界面的文化性，使人、道具、场景共生成辉。把握其中规律可以帮助获得类型设计的历史文脉线索，提高创新设计的被接受度和认可度。不同的室内类型有自身表象特征，如餐饮型氛围营造：木质、织物、暖色调金属、青瓷器皿等材质，加以暖光源环境光，聚光灯集中照明的设置，增加人们的亲和感与食欲；会议型氛围营造：冷调与中性材质，干净统一，大面积光源、通亮、敞亮，整齐肃静的会场环境；展示型氛围营造：精致的家具，统一的环境背景，集中的点光照明，突出展品、饰品的富贵、大气。

3 室内类型设计与形态生成法则

3.1 类型提取

类型提取是在设计过程中指导人们对设计中的各种形态、要素部件进行分层活动，对丰富多彩的现实形态进行简化、抽象和还原，从而得出某种最终产物。通过类型提取得到的这种最终产物不是那种人们可以用它来复制、重复生产的"模子"。相反，它是建构模型的内在原则。我们可以根据这种最终产物或内在结构进行多样变化、演绎，产生出多样而统一的现实作品。室内类型提取的实验和步骤：首先，选择建筑位置、室内空间质量、大小规模、使用功能、室内平面布局、平面外框形状相似的一组同类室内设计项目的平面布置图；其次，将平面图的区域、家具、空间结构和路径流线转化为面线关系的图底图形；最后，完成对平面图纸的图底图形抽象化整理后，进入平面形态比对程序，即将这一组同类室内平面的图底图形进行分类比对，可以提取到类型组织模式，即室内类型的内在原则。需要说明的是，选择室内平面布置图作为室内类型提取，是因为室内功能布局的平面形态最能够反映真实的设计特点和设计意图，是实体形态的示意、空间形态的生成基础。黑白的图底图形，去除了具象、琐碎、表皮的细节，能够最大限度地反映室内类型的结构特点。

3.2 类型代码收集

基本代码的收集是由表及里地对室内类型的表层结构与深层结构——形态与类型关系的认知。类型图形的基本代码的收集，是由表象感知阶段（对所见建筑物的自动反映）进入知觉感知阶段（对建筑物的信息比较，规模、形状、地点、建造目的、建筑师等资料）。包括对室内空间形态信息的细部分析和对基本代码含义的抽象加工，深入分析室内构造结构、隔断家具、立面等比例、模数、单元间关系、组织关系。类型基本代码收集包括对"人 + 桌椅为主要使用方式"的室内类型代码收集；对人与物的关系空间尺度的基本代码收集；对以某种独特功用为核心特征室内类型基本代码收集，如"人 + 桌椅为主要使用方式"的类型，包括：办公空间，如办公楼、市政厅、会堂；餐饮空间，如餐厅、宴会厅；教育空间，如学校、图书馆建筑。餐厅中的桌子、在大型的宴会或团体游戏中的桌子、办公空间的桌子设计与布局，桌子尺度、摆放关系的细节信息反映出类型图形特征。人与物的关系空间尺度：工业类室内空间，主要以物为尺度，以人为辅助尺度。而部分空间以人为尺度，部分空间以物为尺度：包括交通类空间，铁路客运站、公路客运站、航空港等；交通类室内空间除了供旅客等候用的站房外，有很大一部分设施和面积都是为交通工具设计的。此外还有如以展示为功用的空间：包括观展类建筑，如展览馆、博览会建筑、博物馆建筑、美术馆建筑；观演类建筑，如剧场、音乐厅、电影院、杂技场建筑、体育场馆建筑；商业建筑，如百货商场、批发市场、超级市场、购物中心、地下商业街等。其空间使用属性和使用方式都可以揭示不同类型的基本代码信息。

3.3 类推设计

类推即类比推理，"所谓类比是这样一种推理，即根据 A、B 两类对象在一系列性质或关系上的相似，又已知 A 类对象还有其他的性质，从而推出 B 类对象也具有同样的其他的性质。"[2] 类型设计是一种类推设计，是以相似性为前提的，是借用已知的或者发现的形式给予构造，去建构一个设计问题的起点。采用类推设计方法对室内类型基本代码信息分类总结，将其图示化为简单的几何图形并发现其"变体"，寻找出"固定"的与"变化"的要素，重要的是从相似性信息中要找出相对固定的要素，将从这些要素中还原结构图式，以类推得到的结构图式运用到新空间设计中，生成的设计方案就与室内类型的历史、文化、环境、文脉有了联系。类推设计有图形式类推和准则式类推之分：图形式类推凭借图形意向、符号、图案特质所呈现意图的结果为新的设计生成构架；准则式类推凭借其自身系统即几何形式特性和某种类型学操作范式思想为新的设计生成构架。室内类型类推设计的过程中，通过发现平面形态、实体形态与空间形态系统中的组织类型与元素类型信息和图式，为新设计从分离出的模型、组织结构、元素类型三个方面，分别提供形式组合的规则和形态中的深层结构、等级秩序的有效应用成分。用类推设计进行建构赋型时，往往是上述三种同时起作用的。类推设计的结果，可以得到同一类型在不同环境、不同作者手中还原而得到的差别甚远的实体形象。

3.4 类型转换

类型转换即从"原型"抽取转换到具体的对象设计，是类型结合具体场景还原为形式的过程。运用抽取和选择的方法对已存在的类型进行重新确认、归类，导出新的形制。建筑师阿甘（G.C.Argan）对类型转换作了结构解释："如果，类型是减变过程的最终产品，其结果不能仅仅视为一个模式，而必须当作一个具有某种原理的内部结构。这种内部结构不仅包含所引出的全部形态表现，而且还包括从中导出的未来的形制。"[3] 类型转换方式包括以下几种。其一，结构模式的转换：通过对室内类型以往先例的平面形态的归纳与抽象，抽取结构模式，如对系列规模相似的餐饮空间平面形态罗列对比，可以找到结构模式特征，基于几何秩序的简洁、清晰的空间组织特点是对来自类型传统构成手法的模式表达，运用这些结构模式对新空间的重组。其二，比例尺度变换：从以往先例的形态中抽象出的比例类型其所表达意义是相似性比较与记忆的结果。通过比例尺度变换可以在新的设计中生成局部构建，还可以将抽象出的类型生成整体意象结构。重要的细节是类型化的符号，变换比例尺度后的运用可以产生以小见大、以点带面的新效果、新形态。其三，空间要素的转换：对于具体的空间设计而言，不同的要素可视为假定的操作前提或素材，从不同要素出发会引发不同的空间操作并生成转换新的结果。对以往先例的形态中抽象出体量、构件要素的分解，当这些构件独立于空间中并与其他构件发生关系时，原来处于不同体量内部的空间相互流动起来得到新的空间形态。其四，实体要素的变换：同一类型的室内家具、设施、构件等实体要素，通过撤换重组、摆放、错位使用、改变尺度、材质等都可以生成新的空间形态。

3.5 类型并置

这是涉及类型的层叠结构，多类型并置、重叠和交叉设计。类型并置包括：其一，一个建筑从新到旧其功能的初始功能的意义已经耗失，二次功能成为主导；其二，在一个空间紧密相连的建筑室内中，多种功能并存，产生类型并置、重叠和交叉；其三，这种类型并置情况一部分是自然发生的情况，而更多的是基于新设计方法。将类型并置作为类型设计方法需要考虑多种类型相互间的关联，是有机的并置组合：基于使用功能的关联，要将功用考虑放在首位，组合的结果更有利于使用效果；同时这是基于系统规划的关联选择；建筑与室内空间应是流动性关联，如主题功能空间与共享空间、交通空间关系、私密性与公众性关系等；场地的历史与文化关联，在类型选择中具有相似性历史文化背景，具有共享的地域文化特征，具有共同关注的主题道具和构件；此外要考虑不同类型间的交叉性关联，如不同的空间功用，但相处一个较大且没有明确空间围合与限定的环境中，相互补充与交叉使用；为了获得好的并置效果，需要审视不同类型的关联关系，巧妙搭配，需要有差别、有冲突和对比，如公共交通空间穿越主题商业空间，室内与室外、地上与地下，古朴、幽静空间与喧闹串堂相连，以及地域文化背景的联系与对比，欧化的局部要素与中式的空间要素对比组合，传统特色空间与时尚空间对比组合等。例如纽约普拉达旗舰店设计，OMA 设计事务所作品。在此设计中专卖店的商业功能被划分为一系列不同的空间类型和体验。专卖店？博物馆？街道？舞台？提供了可以进行多种活动的空间。普拉达旗舰店通过街道穿过、交通空间与商业空间交叉的类型并置，引入文化性、公共性：台阶上摆着普拉达鞋，顾客可在此挑选鞋子，坐下休息，台阶则可以变成座席——生成"鞋剧场"。

4 结语

本文尝试以建筑类型学理论，结合当代室内设计实践进行解析研究，补充了室内类型设计的研究资料。研究室内类型设计的现实意义表现在：其一，以建筑类型学理论指导与提升室内设计研究水平；其二，研究室内类型要素与形态生成法则，对室内设计理论与实践教学的指导作用，关注中外传统建筑与室内类型，对古典建筑和地域建筑的再认识，从文脉主义、地域主义设计原型中汲取设计创作元素与理念，提高室内设计创新力表现力；其三，对未来室内形态发展的类型学思考，为室内类型设计、传承与利用提供出相对完整的理论支撑和新的研究方法。以类型学为手段来研究空间形式问题，通过抽象简化、类推联想可以使我们从纷乱繁杂的消费取向和世俗观念影响中摆脱出来。透过建筑看室内，探研室内类型设计具有前瞻性和现实意义。

参考文献

[1] 汪丽君.建筑类型学.天津：天津大学出版社，2005.
[2] 张巨青.科学研究的艺术——科学方法导论.武汉：湖北人民出版社，1990.
[3] 魏春雨.建筑类型学研究.华中建筑，1990（2）.

论家、家居与家具

胡景初《家具与室内装饰》2013 年 01 期

摘 要: 由不同家庭成员构成的家必然要有不同的家居空间相适应,家居生活的正常进行也离不开不同功能类型的家具。文章对人类的三种生活类型进行了分析,并从"商学"、"社会学"、"建筑学"等不同视角对家具进行了定义。

关键词: 家具,家居,生活方式

"家具"一词据《词源》和《现代汉语大辞典》载,"家具"就是"家用的器具"。据《家具设计基础》一书的作者、知名家具设计师朱小杰先生之理解,"家用的器具"有两层含义:其一是"家用",与家庭、家居生活有关;其二是"器具",是供人使用的一种物质形态的东西。因而在论述家具的概念与定义之前,还必须了解有关家、家庭、家居生活的相关概念。

1 家、家庭

从词义上说家和家庭没有本质的区别,唯一的不同是一个人也可以有他的"家",那就是他本人和属于他的房子,出租屋也行。而家庭则应由 2 人以上的家庭成员所构成。知名学者赵鑫珊先生在他的《建筑是首哲理诗》中断言:

家 = 屋 + 屋的主人

屋是生存的必须,是生理的必须,处在最低层,仅次于饥和渴。家是生命的必须,是心理的必须,处在最上层。

在《家·中国人的家居文化》第二卷"家居和家庭"中,贾楠先生也表达了同样的意思。

"家",这个字同时指"房子"、"家庭"和"家人"。下面是他对"家"字的理解:

"家"作为一个表意文字,这个字形象地描绘了一只猪在一个屋顶下的情景。

对绝大多数的中国人来讲,"家"的最根本的特征是一群有某种亲缘关系的人聚在一起"从一个锅里吃饭"。也可以指喻义,共同分享收入,比如通过养猪积累财富。此外"家"这个字还暗示了所有家庭成员住在同一屋顶下的房子里。而且这个字还说明,"家"不仅是个生产单位,比如一起"养猪",而且还是个消费单位,比如一起"吃猪肉"。

人类之初并没有家庭,家庭的出现,进步与发展,与两性关系、居住方式有着密切的关系。从猿到人的过渡时期,禽兽多而人少,为了生存人们必须群居,以弥补自卫能力的不足。所以那时没有任何形式的婚姻与家庭,在两性关系上没有任何形式的限制,父母与子女之间,兄弟姐妹之间都可以发生性关系,而且没有固定的两性关系,是群居而杂婚。后来各种各样的婚姻关系都是从这种原始状态中产生出来的。通过人类对两性关系的限制便产生了不同时期不同形式的婚姻与家庭。婚姻是家庭的基础,婚姻形式决定家庭形式。

古人类学家 L·H·摩尔根就发现了相互联系的五种家庭形式:①血缘家庭→②普那路耶家庭→③对偶家庭→④家长制家庭→⑤一夫一妻制家庭。

血缘家庭排除了父母与子女之间的性关系,是以兄弟姐妹之间的互为集体配偶的婚姻;普那路耶家庭进一步排除了嫡亲兄弟姐妹之间的婚姻;对偶家庭则更进一步排除同姓族内的婚姻,而逐渐导致族外婚流行;原始家长制家庭是在推翻母权制基础上建立起来的男子独裁制的家庭;一夫一妻制家庭则一直延续至今,是最完美和进步的家庭形式。

今天,西方庄园式的大家族不复存在,中国巴金先生笔下的四世同堂的《家》也不复存在。当今年青一代结婚后都追求独立的爱巢,哪怕是"蜗居"也不放弃。一对夫妇带一个小孩的家庭普遍存在。同时离异的单亲家庭,不要后代的"丁克"家庭也大量存在。因为老人可以帮助带孙子辈,因此三代同居的家庭也普遍存在。

有了家和由不同家庭成员结构构建的家庭,自然就要有相适应的居住空间相适应,以便满足家居生活的需要。而家居生活的正常展开又离不开相应功能的各类家具的帮助。

2 家居生活与家具

《雅典宪章》将人类的生活划分为三部分,即日常生活、劳动与游憩。20 世纪 60 年代日本学者吉阪隆正先生提出了生活的三种类型。即把包括坐、卧、睡眠和小憩的休息,包括吃、喝、哺乳的饮食,包括大小便、洗漱、沐浴的排泄,以及包括性交、妊娠、分娩的生殖共同划分为第一生活。把包括洗衣、做饭、清扫、育婴在内的家务,包括生产资料生产和消费资料生产的劳务,包括买卖、搬运、储藏在内的交换以及消费共同构成了第二生活。而将包括文学、书画、造型在内的表现,包括艺术、科学在内的创造,包括体育、娱乐、旅游在内的游戏,以及包括哲学、宗教在内的冥思共同构成了第三生活。

在这里,居住空间为人们提供了一个供家庭成员进行三类生活的场所。但人们在居住空间展开正常的生活活动还必须借助家具功能的发挥方得以完成。或者说家庭成员只有通过家具的使用才能进行各项生活活动。正如赵鑫珊先生所说,家具是人与建筑的一个中介物,人不能直接利用建筑空间,他们需要通过家具将建筑空间消化,转化为家。家具是将建筑空间转化为家的必要条件。因此家具是人和家的存在的基本形式之一,没有家具的家,至少是个严重的残缺。

家具与人的三类生活有着密切的关系。在第一生活范围内,人们要坐、躺、休息就必须有椅凳,要舒适地坐和躺就得有沙发,要睡眠就少不了床,要体面地吃喝就必须有餐室和餐台椅;要排泄、沐浴、洗漱就必须有卫生间和卫浴家具;人类要做爱、繁衍,进行人类本身的生产,也得依靠私密空间卧室和床。特别是城市中的人更是找不到月光下野合的场所。

在第二生活范围内,人们要做饭就得有厨房和灶台,要整理炊具和餐具就得有橱柜和餐具柜;要收纳整理衣物就得有衣柜;

要更衣化妆就得有梳妆台；要育婴就得有婴儿和儿童家具；要做手工就必须有工作台和相应的工具；要在家里办公就得有SOHO家具及其办公设备。

在第三生活范围内，人们要学习和写作就得有书房、写字台、书柜等书房家具；要作画就得有画室和画室家具；要旅游则要涉及酒店客房家具、公共餐饮家具、休闲酒吧家具等。当然有些家具超出了家用的范围和家居生活空间。

显然特定的家居生活活动必须有相应的家具配合。如果说建筑空间设计对家庭居室的功能作了意向性的规定，但不同的居室功能还得有不同的家具配置才能真正实现其规定性。没有床的卧室就说不上是真正的卧室，日式榻榻米和中国古代的席也是简化了的床。没有沙发和茶几的客厅也显然不是真正的客厅。即使是原始形态的家具，比如说古代的席，古人席地而坐，席的长短不一，长的可坐数人，类似长沙发，短的坐一人，类似单人沙发。席在古代就是客厅家具，所以登堂必须脱屦，以示礼节。同时席下铺筵，筵同样是席，只是比席长大些，席加在筵上供人坐用。席在古代对居室功能同样起到了决定性的作用。

3 家具的概念

如果说家具就是"家用"的器具，那么古代的皇宫，中世纪的教堂，当代的办公室、酒店、学校、医院、车站、空港的家具就大大超出了家用的范围。显然这一定义是不严谨的，仅仅是字义的解释，是一种约定俗成的文字解释并不能概括家具的全部含意。对"家具"一词，不同的国家和民族由于其民族特征、生活习俗和发展过程的差异，对家具的词义有不同的理解。英文家具——Furniture，源于法文中的fourniture，是装备、设施的意思。而欧洲其他国家的语种，德语的家具是Mobel，法语是meubel，西班牙语是mueble，意大利语是mobile等，都源于拉丁语中的形容词Mobilis，意思是可移动的。

西方家具词义的源头不妨与欧洲中世纪家具的短缺，家具功能的不确定性，以及家居空间的多功能性和搬动的频繁性等历史背景而加以联系就不难理解了。

美国宾夕法尼亚大学威托德·黎辛斯基（Witold. Rybczynski）教授在他的《金屋、银屋、茅草屋》（Home）一书中多处描述了欧洲中世纪这一历史时期的家具特征。

中世纪大多数平民家里几乎没有家具，用品也寥寥无几。即使是自由城镇的居民，他们的居住也往往与工作两者结合在一起，房屋的主屋是一个店面，如果房主是工匠，主屋就是一个工作区。居住区不是我们想象的由几间房组成，而是通直的一大间，厅堂、烹饪、进餐、娱乐、睡觉都在这里，家具贫乏而简陋。衣箱既用来储物，也作座椅之用；较不富裕的家庭还把箱子当成床，箱内的衣物则作为软床垫。长椅、凳与可拆卸的台架是当时常见的家具，甚至床也可以拆卸。直至中世纪末才有了大床，床同时也是坐具。中世纪家庭成员众多，除了亲人外，还有员工、仆役、学徒、友人、被保护人等，成员达25人以上并不罕见。在中世纪无隐私可言，一间房内通常摆几张床，而且一张床通常有3m²，要睡几个人。维尔大床（the Great Bed of ware）能让四对夫妇舒适地并排睡在一起，而且彼此不至于相互骚扰。西方的家具

（Furniture）被解释为装备、设施还是比较贴切的。

在中世纪也谈不上真正住在家中，只能把家当作栖身之处。权贵之士仍有多处住宅，他们经常旅行或走亲戚。当他们离家外出时，他们会卷起绣帷，带上衣箱，将小床折叠或拆卸，然后带上这些东西连同随身细软一起上路。拉丁语系中的家具（Mobilis）解释为可移动的物件也就不难理解了。

当时的住宅没有专用的浴室，只有木制大浴盆，像其他家具一样也是可以移动的，可同时供几个人沐浴。洗浴是中世纪的一种社交仪式，通常是婚礼与宴会喜庆活动的一部分，伴随当众洗浴进行的还有谈天、音乐、吃喝，当然，不免还有做爱。与其说是浴盆，不如说是一种多功能的设施。

家具贯穿人类生存的时间和空间，它无时不在，无处不在。从先人的一堆泥土、一块石头或一个树桩等最原始的坐具形态，到豪华威严的御座，再到当今高雅舒适的沙发，都充分显现了人类的进化和社会的进步。家具以其独特的多重功能贯穿于社会生活的方方面面，与人们的衣食住行密切相关。随着社会的发展和科学技术的进步以及生活方式的变化，家具也永远处于不停顿的发展变化之中，家具不仅表现为一类生活器具、工业产品、市场商品、艺术作品，还是一种文化形态与文明的象征。

（1）从商学的角度定义家具或从直接功能定义家具，家具是人类衣食住行活动中供人们坐、卧、作业或供物品储存和展示的一类器具。当然，人类的衣食住行活动还应包括为生存而展开的室内生产作业和社会交往活动。

（2）从社会学的角度定义家具，家具是维系人类生存和繁衍必不可缺的一类器具与设备。不同的生存状态有不同的家具与之适应。

（3）从建筑学的角度定义家具，家具是建筑环境中人类生存的状态和方式，家具演绎生活方式，提升生活质量，建筑环境包括室内环境和室外环境。

人类生存方式的进化与转变促进了家具功能和形态的变化，而家具的存在形态又决定了人们生活方式与工作方式。这便是广义的家具概述。

参考文献

[1] 赵鑫珊.建筑是首哲理诗[M].天津：百花文艺出版社，1998.
[2] 赵鑫珊.建筑：不可抗拒的艺术[M].天津：百花文艺出版社，2002.
[3]（美）那仲良等.家·中国人的居家文化[M].北京：新星出版社，2011.
[4] 张宏.性·家庭·建筑·城市[M].南京：东南大学出版社，2002.
[5] 胡德生.中国古代家具[M].北京：商务印书馆，1997.
[6] 胡景初.隐私、舒适与安全——家居文化漫话[J].长沙：家具与室内装饰，2009，（7）.

华玉仍几
——试析中国古代凭几家具的"文"与"质"

黄永健 《装饰》2012 年 07 期

摘要：凭几流行于席地而坐的历史阶段，主要满足人体跪坐时凭依扶靠行为的功能需求。《尚书·顾命》篇曾描述过四种不同装饰手法的木质凭几家具，经后世学者对文中"华玉仍几"的注疏，使我们了解到那个时代关于家具与装饰、家具与空间、家具与礼制的诸多关系。"华玉仍几"是我国古代家具形制与装饰按照礼仪要求进行变化的典型案例，其文变与质仍的根本原因出自古人对生与死的礼制观念。

关键词：凭几，家具，礼制，装饰

在中国古代家具发展史中，几是一种特殊的家具类型。初期的几有两种功能：一为庋物[1]，一为依凭[2]。凭几流行于席地而坐的历史阶段，主要满足人体跪坐时凭依扶靠行为的功能需求。考古发掘极少出现商周时期的凭几实物，其制多录于文献。《尚书·顾命》篇曾描述过四种不同装饰手法的木质凭几家具，经后世学者对文中"华玉仍几"的注疏，使我们了解到那个时代关于家具与装饰、家具与空间、家具与礼制的诸多关系。

一、"文变"与"质因"

"华玉仍几"语出《尚书·顾命》，原文为："牖间南向，敷重篾席，黼纯，华玉仍几。西序东向，敷重底席，缀纯，文贝仍几。东序西向，敷重丰席，画纯，雕玉仍几。西夹南向，敷重笋席，玄纷纯，漆仍几。"[3]文中所载"华玉仍几"、"文贝仍几"、"雕玉仍几"和"漆仍几"四类凭几是周康王受遗命君临天下时所用的重要家具。

华玉几是以五色玉嵌饰凭几外表，属"五几"之中级别至高的"玉几"类家具。华是彩之别名，拥有五彩斑斓的玉作为装饰，这类凭几之形制与规格确实达到了"优至尊"的地步。华玉几是君王专用家具，不论其生前还是身后都表征着集权、至尊和威慑的力量。尽管我们很难见到西周时期的凭几实物，但是通过对考古发掘出的后世凭几家具进行研究，却可以证实华玉几的真实存在。譬如，河南信阳长台关 2 号楚墓出土的战国早期嵌玉几，几体以横板连接两立板为结构，通高 58 cm，几面宽 22 cm，总长度为 55 cm，基本符合东汉马融记载关于几的尺度标准。嵌玉几具有华贵的装饰手法，通体髹黑漆，立板与横板边缘皆装绘朱色卷云纹，并按照一定的间距镶嵌着洁白纯玉二十块。嵌玉几的白玉镶嵌与华玉几的五色玉不同，但其形制与装饰手法如出一辙，可以成为这段文献记载的实物佐证。

古代学者对"仍"字进行过激烈地辩论，其中以汉代孔安国、郑众、郑玄[4]，唐代孔颖达和贾公彦，清代黄以周、孙星衍和孙诒让的观点为主。《尔雅·释诂》释"仍"为"因"，取顺延和

沿袭之意，"仍几"就是祭奠时沿用周成王生前的华玉几。然而，"华玉仍几"与周礼丧事用几的规定产生了矛盾，主要体现在"仍几"是"有饰"还是"无饰"上。《周礼·司几筵》规定丧事用几为素几，不允许出现任何装饰。而"华玉仍几"是因仍君王生前所用的玉几，非但装饰华美，更以五色玉装饰其身，这是否有些"文过饰非"呢？以下将通过分析"仍几"的三层内涵来阐述这个问题。

第一，"仍"就是因仍，沿用生时的凭几。丧事按照王生前所用规格布置家具陈设和空间，几的文饰与质地都不变。周礼对凭几的使用有"变"和"仍"说明：在吉礼过程中依照祭祀环节的要求而变更凭几的形制和装饰，但是在丧礼过程中保持几的形式不变。孔安国解释为"因生时几，不改作"，这是指沿用王生前觐见诸侯时使用的华玉几样式，不改变其木作结构和尺度，也不增减装饰。这个说法似乎违背了《周礼·司几筵》"凡丧事，设苇席，右素几"的规定。素几有两种说法，其一为素实无华，没有任何装饰的几，其二为通体髹白的几。同丧礼使用的素车一样，以白土垩其几身，即刷白。

第二，"仍几"主要是指几身的装饰手法，几为木质，可雕刻纹样，文变与质因是围绕装饰的内容和工艺而言。"司几筵"中提到的"吉事变几"和"凶事仍几"[5]指几的质地和装饰。变几，变更几体质地的内容，在木质几身上雕刻各种装饰纹样，如云气氤氲或神禽走兽等；仍几，因仍本质，保持几的木质地，不做任何雕刻。这个解释主要是通过细究家具装饰工艺而产生的，刻木成文是不同于镶嵌玉饰、螺钿文贝、雕镂和漆涂饰的装饰手段。"顾命"文中的几都是以木质为体，再缀玉、嵌贝壳，或雕玉或涂漆等，四者均非针对木质本身进行修饰。但是，文变和质因却直接针对木质进行改造。"变几"要求无论是在木几上刻画纹样，还是凹凸浮雕，木质的结构都必须发生变化，使几体的装饰内容和形式根据吉事的各个礼仪环节进行适配，达到"以示絜新"的目的。显然，"华玉仍几"不是在丧礼中保留五彩玉的装饰，而是强调几的内质没有变化，即不用雕刻的手法改变木质本体结构，使之如素几一般素朴。按照这个观点，"雕玉仍几"也可以解释为几身木质无雕刻，却仍以雕镂的玉作为点缀。雕几属"司几筵"中描述的五几类家具，诸侯祭祀时设置于莞席之上，位置尚右，以敬鬼神。雕几的装饰手法不同于嵌玉几，需将玉质以一定的形态进行雕琢。中国古代的工艺美术技法有如下几种称谓：金属加工技术称"镂"，木作工艺称"刻"，骨器加工称"切"，象牙雕工艺称"磋"，石器加工技术称"磨"，玉器加工称"琢"[6]，根据玉器加工的考古实证，可以推断彼时雕几的玉饰是需要经过精细雕琢才能作为家具的装饰构件使用。此外，在《礼记·明堂位》中有"爵用玉琖仍雕"的说法，"仍雕"的含义也是雕其玉为缀饰而不雕刻木质爵身，即郑玄所注"因爵之形，为之饰也"的意思。因此"雕玉仍几"的含义在于：为祭奠逝去的周成王，在诸侯位上使用雕玉几，将之摆设于座位右首；几身木质不雕刻纹样，仅保留琢磨成形的缀玉装饰附件。同理，"文贝仍几"和"漆仍几"也是因仍质地不作雕刻的手法。

第三，"仍"训为"因"，并非指因循其旧，而是在丧事过程中"朝夕相因"的意思。按照郑玄的解释，"变几"变更用几，"仍几"朝夕相因一种类型的凭几，此处无关乎文变和质因。《周礼·司几筵》提到吉事中的各种礼仪活动，崇尚文典，需在每个

环节进行中更换不同的几[7]。郑玄认为，在王祭祀宗庙时，按照礼仪有"裸于室"、"馈食于堂"和"绎于祊"等几个环节，每个环节都必须更换几的类型，以表示对祭祀天神、人鬼、地神的敬意；在王崩后的丧事中，按照礼仪要求应该朝夕相因，始终使用一种类型的凭几家具，以示永生。这说明中国古代家具是礼制文化的物质承载者，其功能与形式都需按照礼制的要求进行设计。在吉礼境遇中，装饰华丽的几类家具同筵席俎豆等配合使用，能够烘托礼仪高贵典正的氛围，而丧礼要求庄重肃穆的气氛，摆放逝者生前所用家具等物件，既能够缅怀逝者，也可安抚生者。

总之，比较"华玉仍几"和"司几筵"的经文注疏，古来学者各执己见。其实，问题的焦点集中在凭几家具在礼仪过程中"易"与"仍"的形式上。文变，即更换几身装饰的形式和内容，以在木质结构上雕刻各种纹样为途径，表达对天神人鬼的崇拜和敬意；质因，即沿用逝者生前凭几的样式、规格和装饰，或朝夕相因或始终不易，表达丧礼的缅怀之情。尽管几类家具的文变与质因缺少考古实物证明，但是按照功能环境需求变化装饰形式的思路却不失为很好的创意，值得我们现代家具设计师借鉴。

二、"仍几"与"重席"

"华玉仍几"是我国古代起居文化发展至席地而坐时期的产物，凭几与重席的使用形成了比较完备的几席制度。重席铺设座位并加凭几的组合方式不仅满足了人体呈跪坐姿态的功能需求，而且突出了使用者的社会地位。"天子之席五重，诸侯之席三重，大夫再重"[8]描述了席在不同社会等级人员使用过程中的变化。

重席，指一种类型的席重叠使用，上文中的"五重"、"三重"都属于筵席铺成五或三层样式；加席，"司几筵"中提到"莞筵纷纯，加缫席画纯，加次席黼纯"[9]，即莞席铺地，加铺一层缫席，再加铺一层次席，形成三重异类席家具的组合样式。"顾命"提到四种同类席的组合："敷重篾席"、"敷重底席"、"敷重丰席"和"敷重笋席"，这是王崩后所铺陈之席。华玉几与"篾席"配套使用，篾是一种桃枝竹编织而成的席，色泽白黑相间，经条纬细，次列成文，席边缘以帛为质绣黑白斧形纹样作为装饰，具有较高的使用规格。文中的"敷"是布置、铺设的意思，"重"就是三层同为篾席。文贝几与"底席"配套使用，底席青蒲为质，致密编织，边缘绘饰各色纹样；雕玉几配套使用的"丰席"以竹为质，洒水刮削加工而成，边缘画绩红色云气氤氲纹样；漆几则搭配"笋席"，采用嫩竹制皮编织而成，边缘以黑色组绶为装饰，即分组系成丝带。

华玉几与三重篾席的组合是在朝觐功能空间中使用，二者的摆设朝向却蕴含着更加丰富的礼制内容。

三、"牖间"与"朝向"

几席制度根据礼制空间的职能格局进行配置，确立了家具与空间的紧密联系。"顾命"发生于路寝[10]内，在这个关系国家朝政命运的空间里黼扆（屏风）、缀衣（幄帐）、华玉几和篾席等家具均需按照一定条件进行摆放，它们的位置与朝向都具有重大的政治意义。

"华玉仍几"与三重篾席位于"牖间南向"。明堂制度规定路寝为五架结构，后楣之前的空间为堂，堂后为室，室有四户（门）八牖（窗），即每一面墙均有两个窗加一个门。户牖之间设黼扆，二牖间当北门户正中之地即是"牖间"，在此处设座朝南面向诸侯。"牖间南向"是君王生前朝觐诸侯的重要空间位置，象征着至高无上的王权，亦彰显出君临天下的威仪；王崩后，牖间布施三重篾席，上设华玉几，依然体现出君王丧礼在政治上的最高规格。"西序东向"的功能空间地位略逊于"牖间南向"，为"旦夕听事"的位置，设"文贝仍几"和三重底席家具。"序"指堂上东西厢之墙，有循次序、分内外、别亲疏的内涵。"听事"是指君王处理朝中日常政务，他背依西墙朝东而坐，规格自然低于朝觐。"东序西向"是"养国老"的空间位置，其功能是颐养长辈和国中遗老们，行燕礼、食礼或飨礼，其规格又低于"听事"，设"雕玉仍几"和三重丰席；"西夹南向"的空间位置最为普通，是日常与家人喝酒饮食的位置，因此采用漆几和笋席的家具配置。"夹"在古代建筑空间中指堂上东西厢后部的室内空间，家族聚居此处且不与外界交流，家具形制与装饰都比较质朴。

综上所述，"华玉仍几"是我国古代家具形制与装饰按照礼仪要求进行变化的典型案例，其文变与质仍的根本原因出自古人对生与死的礼制观念。凭几家具的装饰、几席制度的使用规则，以及家具在功能空间中的位置朝向形成一个有机的礼制体系。在这个体系里各组成要素循涂守辙并发挥着自身的作用，以达到规束国家社会行为的目的。因此，"华玉仍几"不仅是我国家具发展史研究的重要案例，而且是中华民族传统起居文化尊礼尚德的表现。

注释

[1]（汉）刘熙所撰《释名·释床帐》："几，庪也。所以庪物也。"庪，置放收藏物件的架子，同案及桌类家具。
[2]（汉）许慎《说文解字》："凭，依几也。"这个"凭"字就是席地坐并依靠几的意思，且《说文》列举了《尚书·顾命》篇中的"凭玉几"为例。
[3]"顾命"篇主要记载了周成王临终宣命，及召公和毕公率诸侯辅佐康王继位的历史。为了昭示尊崇和威仪，祭奠和授命环境空间内的家具陈设须严格按照礼制进行设计。
[4]郑众（？—公元83年），字仲师，东汉经学家，称先郑，以别于郑玄。郑玄（公元127—200年），字康成，东汉末年的经学大师，称后郑。
[5]语出《周礼·春官·司几筵》："凡吉事变几，凶事仍几。"
[6]参见《尔雅正义》"玉谓之雕"和"雕谓之琢"等相关内容。
[7]参阅《周礼·春官·司几筵》，吉事即吉礼，指祭祀天神、人鬼、地神之礼；凶事即凶礼，指哀吊救助之礼，二者皆属五礼。后文"裸于室"、"馈食于堂"和"绎于祊"分别指祭祀宗庙过程中的灌地降神、祭献熟食和庙门外祭的环节。
[8]语出《礼记·礼器》，记录了君王袷祭礼仪中的席位，不同于"顾命"篇中的席位设置。

[9] 同 [5]。

[10] 路寝是古代天子、诸侯的正殿，是处理国家大事的地方。也有人认为路寝就是明堂。

参考文献

[1] 十三经注疏 . 上海：上海古籍出版社，1997.
[2] （清）孙星衍 . 尚书今古文注疏 . 北京：中华书局，2007.
[3] （清）孙诒让 . 周礼正义 . 北京：中华书局，2007.
[4] 李宗山 . 中国家具史图说 . 武汉：湖北美术出版社，2001.

基于情景分析的智能化家具设计研究

张宗登 刘宗明 《家具与室内装饰》2013 年 08 期

摘 要：本文介绍了情景分析设计方法的特点及构成，主要运用于产品概念设计阶段。以智能化家具设计为例，运用情景分析设计方法，分析智能化家具设计过程中的情景知识的构成，并依据用户、环境、智能化家具产品以及三者互相交互的知识模块，构建了基于情景分析的智能化家具创新设计模型。

关键词：情景分析，知识模块，智能化家具，设计模型

1 情景分析的特点及构成

1.1 情景分析的特点

所谓情景分析，是指通过考虑未来事件可能发生的结果，进而预测未来可能发生事件过程的方法，属于直观的定性预测方法。情景分析实际上是一种设计知识表达的过程，一般用于产品的概念设计阶段，它要求设计师充分依据现有要素，充分发挥自身的想象力，将产品的使用者置于产品的使用情景之中，通过探讨使用情境中所存在的问题与要素，提出解决问题的方法与路径，进而找到产品设计的概念定位和设计突破口，最终形成合理的设计方案。

情景分析设计是人类的一种常见的智力认知活动，它主要研究如何将人类所获取的设计知识、设计经验与设计灵感融入设计创新活动中。也就是说，情景分析设计是研究人类如何获取设计知识与技巧，使设计师的想法、理念、创意和行为适应设计的内外部环境因素，并获得广泛的设计思路和设计洞察力[1]。在概念设计过程中，情景分析设计主要有两种知识表征方式，一是通过设计师的灵感知识进行的设计表征，这需要设计师的智慧、经验、灵感、顿悟、知识背景、洞察力等感知行为与要作用于解决问题的环境知识（包括问题内部知识、领域关联知识、跨领域问题等）共同作用，来激起设计师产生解决问题的创造性构想，从而科学合理地表征并解决设计问题；二是设计问题所具备的详细信息要素的表征，这主要包括对设计问题的深入理解与详细表达、设计内外部环境所处的各种制约因素的分析、设计方法运用的合理运用等[2]。在我们的日程生活中，由于产品的内外制约要素有很多，必然存在设计情景中的某些要素不能使用特定的设计方案，如将玻璃设计成承重结构肯定不如使用金属更适合；将棉花做成燃料，不如将其加工成衣料更符合人的客观实际需求；原木做成的建筑物结构，肯定不如将其设计成家具更合理。

1.2 情景分析设计的构成

在设计过程中，情景分析的核心内容，是设计问题的知识表征方式，它要求设计师解决如何用设计知识来表征我们所要解决

的设计问题。根据设计问题表达的方式不同，可以将情景设计分为设计的外部情景、内部情景、设计子情景三种知识模块。外部情景知识主要是由影响设计问题的外部要素所构成，如市场、销售、使用者等外部要素；内部情景知识主要由设计问题的内部要素构成，如材性、功能等；设计子情景是将情景知识层层分级，是外部情景知识与内部情景知识互相融合，从而提出新设计方案，解决相关设计问题。根据具体设计问题的相关知识结构，可以将情景分析设计知识分为与人相关的设计要素、与产品相关的设计要素、与环境相关的设计要素以及三者之间相互关联的设计要素四个部分。这四个情景知识类型共同构成了情景设计知识信息库，如表1所示。

情景分析设计知识模块构成　　　　　　表1

情景设计知识信息库			
情景知识模块		情景设计知识要素	信息库
"人"的模块	物质行为	性别、职业、生理、交往、行为……	效用库
	精神行为	情感、认知、心理、喜好、文化……	案例库
"产品"模块	产品机能	结构、材料、工艺、功能、宜人性、操作性……	专利库
	产品特征	美学、品质、适用、环保、风格……	市场库
"环境"模块	物质环境	温度、湿度、时间、空间、压力……	知识库
	社会环境	文化、社会、经济、技术、市场……	
三者"关联"模块		人与产品交互，人与环境的交互，产品与环境的交互	

由表1中可以知道，情景分析设计知识包括四个情景知识模块，即"人"的模块，"产品"模块，"环境"模块和人、产品、环境三者关联模块。每一个知识模块包含着许多情景设计知识要素，这些知识要素对设计定位起着限定和指导作用，从而可以获得产品的情景认识。情景知识信息库可以分为效用知识库、案例知识库、专利知识库、市场知识库、设计知识库等，这些知识库是情景设计分析的纽带和桥梁。情景分析对概念设计至关重要，它对产品概念设计的分析与整合，确定产品设计系统中各项因素，将产品创新构想具体化等分析过程，都是不可或缺的。在进行产品概念设计的过程中，通过产品的情景知识分析，可以对产品所处系统的存在方式和设计属性进行定位。概念设计之初，通过调研资料的分析与归类，并将其转化为相关的情景知识，总结出各个相关情景知识要素之间的联系，从而确立概念设计的目标范围和设计问题。在这个过程中，情景分析主要是充分利用信息库中的信息资源，通过对产品与人的交互情景分析，获得人在一定环境中的各种需求；从人与产品交互情景分析中，获得产品的具体设计构思；通过对产品与环境的交互情景分析，获得产品概念设计的各种约束条件[3]。

2 情景分析在智能化家具设计中的应用

2.1 智能化家具情景设计知识构成

智能化家具是指利用计算机、通信与网络、自动控制、IC卡及传感器检测等技术，通过适宜的结构与接口，可模拟人的智能活动过程自动实现特定功能，同时与家居生活各相关子系统有机结合在一起，通过统筹管理使家居生活更加舒适、安全、有效的产品的总称[4]。智能化家具必须具备两个基本条件：一是具有同类传统家具的基本功能；二是具有同类传统家具所不拥有的特定功能，如坐具类家具的背斜角、座斜角、座高、扶手高度、靠枕的高度与角度等参数都可以随使用者的要求而自动改变，这样一件家具就具备了一定的智能化。智能化家

具设计主张理性、强调功能、注重技术、追求简洁、突出功能的智能化、易于使用等方面的特点。

以智能化家具设计为例，运用情景分析方法，对其进行相关概念设计。就智能化家具而言，家具是设计主体，即目标设计或者源设计，智能化是对家具功能要求的设计限定，在这里已经对家具设计知识进行第一次的过滤。在设计过程中，家具产品的本体知识要素对设计实现具有较为重要的作用，就其结构而言，具有以下几个方面的知识要素。一是"智"充当了智能化家具的大脑，具有指挥功能。其主要任务是按照预先编好的程序进行数据采集、数据处理、逻辑判断、控制量计算、报警等，同时通过连接电路向系统各个部分发出各种控制命令，指挥整个系统有条不紊地工作。二是"能"即动，通过具体的执行元件完成各种特定功能。三是智能化家具系统中的"连接部位"，连接部位既包括产品—产品交互界面，又指人—产品交互界面，即人与家具的信息交换的界面，它是连接"智"与"能"的桥梁[5]。

智能化家具设计的核心点在"智能"上，使家具实现"智能"是智能化家具设计的基本目标。根据这一特点，笔者将家具本体知识模块作为情景分析的重点，而产品与环境、产品与市场、产品与人等知识模块居于家具本体知识情景分析之后，由此可以把智能化家具内在情景知识分为家具结构知识、家具行为知识和家具功能目标知识三个情景设计知识模块，如图1所示。在智能化家具情景知识分析中，结构知识模块主要有五个大的部分组成，即智能控制设备、智能执行设备、传感装置、家具本体结构和智能传动机构。如果将智能化家具比作人体，家具本体结构与非智能家具一样，是家具的"躯体"，用于连接和支撑其家具功能部分；传感装置是家具的"五官"，用来感知外界和躯体内部的变化，准确测出其当前状态，保证系统进入控制状态；智能控制设备相当于家具的"大脑"，是智能化家具的灵魂；智能传动机构则类似家具的"四肢"，用于完成控制设备传达的任务。

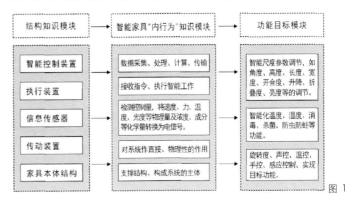

图1

智能化家具行为知识模块主要是指不同的家具结构在"智能化"功能实现过程中通过何种行为发挥作用，如智能控制设备主要是按照预先编好的程序进行数据采集、数据处理、逻辑处理、控制量计算等，并通过连接电路向智能系统的各个部分发出控制命令，指挥整个系统有条不紊地工作；智能执行设备的主要行为是根据控制器发出的指令，直接控制执行装置工作；传感装置的作用是把位移、速度、力、温度、光度等物理量和浓度、成分等化学量转换为电信号；家具本体结构是所有功能的支撑结构，完成系统的结构功能；智能传动机构主要是借助一些传动装置对系统作直接、物理性的作用，来达到系统所希望的状态。智能化家具功能目标知识主要是表征智能化家具最终所要实现何种智能化的目标，是概念设计思考的落脚点与归宿所在。根据不同领域智能化发展的现状，以及家具产品本身的特点，智能化家具功能

目标知识模块主要包括智能尺度参数调节，如角度调节、高度调节、长度调节、宽度调节、开合度调节、升降度调节、折叠度调节、旋转度调节等，智能感觉系数调节，如亮度调节、温度调节、湿度调节、感应度调节等，以及智能保护功能，如消毒、杀菌、防虫、防蛀等。

2.2 智能化家具情景分析设计模型

笔者在前面提到，情景分析主要适用于产品概念设计阶段，就智能化家具而言，构建具有一般性的情景分析设计模型，对智能化家具产品的开发创新具有重要的指导作用。情景分析设计过程通过情景知识的分析来产生设计设想，进而通过情景知识的限定，来优化设计概念的过程。因此情景知识是设计分析的基础，设计限定所产生的矛盾以及设计需求所产生的概念是设计的关键。鉴于此，笔者认为基于情景分析设计的方法，智能化家具设计模型的建构包括三个方面的内容：一是用于情景分析的设计知识，可以分为六个部分；二是情景分析过程中通过不同的设计限定所产生的矛盾冲突；三是根据情景分析，设计需求所形成的设计概念或设想。矛盾冲突与设计设想之间通过互相交融，以达到设计上的平衡，进而形成合理的设计方案，如图 2 所示。

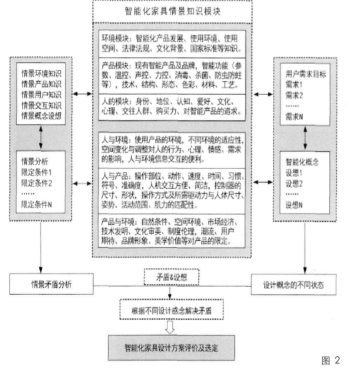

图 2

从图 2 中可以看出，智能化家具情景分析的知识包括六个基础模块，即环境知识模块、智能化家具知识模块、用户知识模块、用户与环境的交互知识模块、智能化家具与环境的交互知识模块、用户与智能化家具的交互知识模块。由于智能化家具的特殊性，关于智能化家具本身的知识模块在前面已经进行了详细介绍。环境知识模块主要是指智能化家具外在物质与精神空间对设计所产生的影响，一般与产品、用户结合起来分析。用户知识模块对设计概念起着限定作用，用户的身份、地位、认知、爱好、文化、心理、交往人群、购买力不同，对智能化家具产品的需求也不一样，所形成的设计概念也存在较大的差异。

在情景分析设计过程中，用户、环境及智能化家具三者是相互交融、不可分割的，它们互相交互的过程中，形成了三种具体的设计知识模块。一是用户与环境的交互知识模块，能决定着设计概念的功能

和智能化家具产品设计信息传递的是否合理。用户与环境之间的功能活动，能更深层次地挖掘用户的潜在、有针对性的需求；智能化家具产品在环境中信息传递的合理性，对设计概念起着重要的限定作用，不同信息传递方式对应不同设计概念，信息传递的类型也会影响设计概念的种类。同时，智能化家具材料、色彩、功能、形态、风格符号、使用、购买模式的喜好等知识因素，也受外部环境对用户影响。由此可以发现，环境与用户交互知识情景分析，将某种环境下的特定事件的过程分解成了若干细节，使设计师能够注意到用户所没有留意的问题，从而发现智能化家具设计的相关机遇与设想。二是用户与智能化家具之间的交互知识模块，能为设计设想或概念提供直接的目标与需求。通过用户习惯的操作方式、使用步骤、操作的精确性、健康安全要求、信息通道匹配方式和使用者的心理模型、美学要求、情感要求等，来确定智能化家具所要具备的结构、功能、部件设计、工艺材料、产品的形态语言、指示符号、界面排布等多方面的内容。关于用户与智能化家具交互知识模块所涉及的知识很广，包括人体测量学、心理学、认识学、运动学、生理学、美学、医学和工程技术的多个领域。不同的知识，对设计概念起着重要的限定作用，如人体测量学通过的人体尺寸的测量，能确定人体不同部位的尺寸、运动姿势、活动范围、肌力等，这些知识可以决定智能化家具控制器的形状、尺寸、操作方式、所需的驱动力等，进而决定使用者的操作方式、效率、准确性、舒适度等。三是智能化家具与环境的交互知识模块，对设计概念的生产也有着重要的限定作用。就智能化家具而言，智能化产品系统必须要面对大量的周边环境要素带来的问题，如社会经济、现有产品、社会潮流、制度法规（如安全标准）、市场状况、美学价值、技术条件限制、文化规范、品牌形象、用户期待、产品所在的微观环境要求等知识内容，都对智能化产品设计构思产生规范与限定作用。

情景知识是情景分析设计的基础，在智能化家具设计过程中，通过不同模块的情景知识以及情景知识的交互，能发现和挖掘不同的设计需求（需求 1、需求 2……需求 N）；根据不同的设计需求，生成不同的设计概念或设想（设想 1、设想 2……设想 N）；同时，不同模块的情景知识以及情景知识的交互，又能形成不同的限定条件（限定条件 1、限定条件 2……限定条件 N），在限定条件与设计概念的共同作用下，形成完善合理的设计方案。

3 结语

情景分析设计方法一般运用于概念设计知识的表达，是产品概念设计过程中比较有效的一种方法，运用情景分析能产生大量的设计设想与设计方案。与其他设计方法一样，情景分析设计方法可以减少产品开发资源（时间、金钱等）的使用、改善产品功用、提高产品可靠性、降低产品生命周期成本和缩短制造周期[6]。当前，情景分析设计方法仍处于设计探索阶段，有待进一步完善。通过情景分析的设计逻辑与情景知识的设计表征，来探索智能化家具的设计思路，可以大大开拓智能化家具设计的视野，获得源源不断的设计灵感。

参考文献

[1] 檀润华. 产品创新设计若干问题研究进展 [J]. 机械工程学报, 2003,39(9):11-16.

[2] 曹东兴等. 概念设计中功能结构建立 [J]. 机电工程, 1999,16(2):11-14.

[3] 刘晓敏等. 基于功能——行为——结构情景设计的未预见发现构造模型驱动产品创新 [J]. 机械工程学报, 2006,42(12):186-191.

[4] 罗公亮, 卢强. 智能控制与常规控制 [J]. 自动化学报, 1994(3):324-332.

[5] 段海燕, 吴智慧. 智能化——未来家具发展的趋势 [J]. 林产工业, 2006,4.(33):16-19.

[6] 韩晓建, 邓家提. 产品概念设计过程的研究 [J]. 计算机集成制造系统-CIMS, 2000,12(01):14-17.

参考文献

[1] 檀润华. 产品创新设计若干问题研究进展 [J]. 机械工程学报, 2003,39(9):11-16.

[2] 曹东兴等. 概念设计中功能结构建立 [J]. 机电工程, 1999,16(2):11-14.

大事记
CHRONICLE OF EVENTS

2012 年大事记

1 月 5 日

为贯彻落实党的十七届六中全会精神，促进中国建筑文化的大发展、大繁荣，中国建筑学会在人民大会堂主持召开"发展和繁荣中国建筑文化"座谈会。

2 月 14 日

中共中央、国务院在北京隆重举行国家科学技术奖励大会。人居环境科学创建者、清华大学建筑学院的吴良镛院士与加速器物理学家谢家麟院士获得 2011 年度国家最高科学技术奖。

由中建国际设计顾问有限公司（CCDI）主要参与的"国家游泳中心（水立方）工程建造技术创新与实践"荣获 2011 年度国家科技进步奖一等奖。

2 月 23 日

法国建筑师阿兰·萨尔法提（Alain Sarfati）受《世界建筑》杂志之邀，在清华大学建筑学院举行了题为"建筑——一种文化的表达"的讲座。

3 月 15 日

全国甲级建筑设计院建筑创作方向工作会将在北京召开，会议围绕"贯彻落实六中全会精神，研究中国建筑创作方向"的主题展开讨论。

3 月 23—25 日

由清华大学建筑学院、《世界建筑》杂志主办的"学校＋工作坊 (School+Workshop)：芬兰——北京教育空间建筑交流"活动在清华大学建筑学院举办。

3 月 26—29 日

"上海世界生态城市论坛 (ECO City Summit)"与"2012 中国可持续建筑大会·绿色建筑展览会 (Green Building China 2012)"在上海新国际博览中心和喜马拉雅中心举行。此次活动

配合了由国家发改委、住房和城乡建设部牵头制订的"绿色节能建筑行动方案"。与此同时，面向生态城市开发决策者、建筑师以及房地产开发商的各项活动与覆盖建筑行业全产业链的展览会同期举行，将通过产业上下游的充分交流与沟通，全力助推中国建筑产业的绿色升级。

3 月 29—31 日

2012 第八届国家绿色建筑与建筑节能大会在北京国际会议中心举办。

3 月 30 日

以"设计·生活"为主题的中国建筑学会室内设计分会沙龙在北京举行。

4 月 29 日

第二届人居科学国际论坛在清华大学召开。中国科学院、中国工程院和清华大学共同举办了"第二届人居科学国际论坛"。论坛邀请国内外著名学者和相关领域的专家，以"人居科学与文化建设"为主题，进行高端学术研讨，并祝贺吴良镛院士获得 2011 年度国家最高科学技术奖和吴良镛院士 90 岁寿辰。

5 月 12 日

第一届重庆大学城市可持续发展国际学术会议暨第三届山地人居科学国际论坛在重庆大学举行。来自美国、英国、法国、日本、中国香港及内地众多知名高校与科研设计机构的 100 余位专家学者参会，主要讨论当代山地"城市—建筑—风景园林"三位一体理论创新与可持续发展、山地人居环境资源利用与发展保护等议题，旨在加强该领域海内外专家学者的交流与合作，推动我国人居环境的安全与可持续发展。

为发展和繁荣中国建筑文化，弘扬和培育民族精神，以上海成为"设计之都"为契机，促进并推动上海现代设计服务产业的持续健康发展，由共青团上海市委，上海现代服务业联合会，杨浦区委、区政府主办的 2012 年上海青年建筑设计师"金创奖"创意大赛启动仪式正式举办。

5 月 15 日

"2012 城市建筑文化论坛"在沪召开，整场活动围绕"传承与创新"的主题展开，300 位参会者汇聚一堂，共同探讨中国城市建筑文化的发展与未来，力求推动中国城市对建筑文化的关注，树立正确的城市建设发展的文化理论。

5 月 16 日

《世界建筑》杂志社联合日本日建设计在清华大学建筑学院举办了"创新的整合：日建设计"展览及演讲会。

5 月 18 日—6 月 3 日

"阿克雅：可持续性地标建筑展"在北京 798 艺术区的梯级艺术

中心举办，这是继巴西圣保罗举办的意大利阿克雅建筑师事务所国际巡展的第二站。这次展览的主题为"阿克雅：可持续性地标建筑"。

5 月 20 日

"岭南建筑文化与新城建设"论坛在广州市萝岗区中新广州知识城展厅举行。

5 月 25 日

2012 年普利兹克建筑奖颁奖典礼在人民大会堂隆重举行。中国建筑师王澍从普利兹克建筑奖暨凯悦基金会主席汤姆士·普利兹克先生手中接受了奖牌。这是有建筑界"诺贝尔奖"之称、全世界公认的代表建筑行业最高荣誉的奖项自 1979 年创立以来首次在中国举办颁奖典礼，王澍是首位获得普利兹克建筑奖的中国建筑师。

6 月 7—9 日

2012 中国成都高端卧室家具、健康睡眠系统展览会举办。

6 月 13—15 日

2012 第七届上海时尚品牌家具展览会在沪举办。

7 月 7 日

"首届中国 20 世纪建筑遗产保护与利用研讨会"在天津召开。本次会议由中国文物学会、天津大学、天津市国土资源和房屋管理局主办，由中国文物学会传统建筑园林委员会、天津大学建筑设计规划研究总院、天津大学建筑学院、天津市保护风貌建筑办公室与《中国建筑文化遗产》杂志社承办。

7 月 14 日

UED2012 建筑学术沙龙——"立方·中国十年中 / 德巡回展之北京站"活动在北京举办，探讨"建筑重要的是什么？"、"建筑的当代性"等问题。

7 月 20 日

金晶集团在北京举办以"聚·共赢，变·领航"为主题的金晶绿色战略合作暨 Low-E 节能系列产品研讨会，探讨节能玻璃产品的应用与发展。

7 月 25 日

国际知名建筑设计公司英国福斯特事务所"Foster + Partners：建筑之艺术"展览在上海油画雕塑院美术馆开幕，第一次把 Foster 事务所历年的主要作品带到中国。

7 月 26 日

由湖南省建筑师学会主办、湖南省建筑设计院承办的"湖南设计百家论坛"，在湖南省建筑设计院学术报告厅如期开讲。首期主讲人三湘都市报副总编、文艺评论家龚旭东先生作了一场题为"湖南文化的根与源——兼谈湖南历史文物的气质与设计要素"的学术讲座。

7 月 28 日

2012AIM 国际设计竞赛"传统复兴·岛居慢风情"主题沙龙在北京艺术 8 成功举办。此次活动由 AIM 竞赛组委会主办，ZNA 建筑事务所、尚 8 文化集团协办，以第三届 AIM 竞赛为契机，邀请 AIM 组委会主席、ZNA 建筑设计事务所中国区董事王旭、尚巴（北京）文化有限公司总经理薛运达、北京国际设计周创意总监 Aric Chen、ZNA 建筑设计事务所中国区设计总监 Ian John Bulloss 和英国 UA 国际建筑设计师孙超群出任活动嘉宾。

8 月 30 日

第三届"创新杯"——建筑信息模型（BIM）设计大赛在北京举行盛大的颁奖典礼，正式揭晓各类奖项并颁发证书。

8 月 31 日—9 月 2 日

第五届世界环保大会召开，大会主题为"引领市场经济的绿色繁荣"。同期举办以"寻找推动经济与环境和谐、可持续发展最佳表现者"为主题的第二届"国际碳金奖"盛典。

9 月 6 日

国际建筑设计界的盛会 ARCHITECT@WORK "建筑纪元"展首次登陆中国，在上海世博中心隆重举行，全球知名的建筑材料制造商向与会的专业人士和建筑师分享其国际领先的创新技术和理念。

9 月 6—9 日

佳能博览会 2012 在北京拉开大幕。在为期四天的展览中，佳能以丰富的表达手法突出色彩与科技元素，透讨半舞台和多达 21 个特色展台，向参观者展示了旗下最新影像产品、服务、解决方案，以及最前沿的影像技术。

9 月 28 日

由中国建筑文化中心、中国建筑学会和《中国建筑文化遗产》杂志社联合举办的"建筑方针 60 年的当代意义"研讨会在中国建筑文化中心召开。

由中华世纪坛数字艺术馆（CMoDA）策划的"智慧城市"国际信息设计展在中华世纪坛开幕。展览首次提出"大设计带动大数据服务大城市"的"智慧城市"新理念，通过大数据驱动信息设计，为现代化大城市建设带来"大智慧"。

9 月 28 日—10 月 6 日

以"设计提升城市品质"为主题的 2012 北京国际设计周于在北京举办，活动由开幕式暨颁奖典礼、年度设计奖、国际设计品交易会、国际信息设计展、北京设计论坛、主宾城市和设计之旅七个主体内容组成，在 751 北京时尚设计广场、大栅栏、草场地、世纪坛、石景山几个核心区，以及首都博物馆、尤伦斯当代艺术中心、歌华大厦、中央美术学院、设计之都大厦、金宝街等全市百余个站点举办。

10月8日

AIM（Architects in Mission）国际建筑设计竞赛颁奖典礼在上海隆重举行。该竞赛始于北京，旨在向建筑系在校生与青年建筑师推广高品质的建筑设计，以探索国内外优秀设计才俊为目的。10月14日，为推动中国景观设计行业的发展，给社会各界相关人士提供国际化的景观设计行业学术探讨及交流平台，"北京大学建筑与景观设计学院2012年度论坛"在北京大学英杰交流中心阳光大厅圆满举办。

10月22—24日

由韩国建筑学会、日本建筑学会和中国建筑学会共同举办的第九届亚洲建筑国际交流会（9th International Symposium on Architecture Interchanges in Asia（ISAIA2010））在韩国光州市金大中会展中心举行，来自中国、日本、韩国和其他国家的数百位代表出席，本届会议的主题为"建筑技术的进步"。

10月27日

第6届"WA中国建筑奖"评审会在北京举行。评委会经过一天严肃认真的评审和讨论，评选出了本届2012年WA中国建筑奖优胜奖3项、佳作奖5项和入围作品12项。

10月28日

由同济大学等多家单位承办的上海双年展主题活动"A+A品鉴之约"在上海当代艺术博物馆隆重开幕。

第五届"为中国而设计"全国环境艺术设计大展暨论坛活动在中央美术学院美术馆举办。此次活动由中国美术家协会和中央美术学院主办，中国美术家协会环境设计艺术委员会、中央美术学院城市设计学院承办。活动主题为"生态中国、创新突破"，研讨有关中国本土设计的创新与突破、低碳生活与创意家居以及环境艺术设计教育等问题。展览拟定四大专题：①生土住宅及环境艺术设计专题；②中国当代创新突破家具设计专题；③公共景观规划设计专题；④环保低碳室内设计专题。

11月1—30日

"第三届艺术与科学国际作品展暨学术研讨会"在中国科学技术馆举行。该活动由中华人民共和国文化部、中国科学技术协会、中国文学艺术界联合会支持，清华大学、中国科学技术馆主办。

11月9—11日

国际建筑材料装饰博览会在天津举办，众多公司展示了绿色环保外墙建筑材料及系统解决方案，展示了中国绿色建筑发展的趋势。

11月16—18日

"全国第十三次建筑与文化学术讨论会"在合肥市举行，主议题为："边界·融合、新世纪城乡建筑文化、传承·创新——当代徽派建筑文化"。

11月17日

第五届城市与景观"U+L新思维"国际学术研讨会在华中科技大学隆重召开。本次大会的主题"一级学科背景下的城市与景观"是在2011年3月城乡规划学、风景园林学与建筑学一起成为独立一级学科大背景下提出的，三个一级学科共同支撑起人居环境学科群的大厦。

11月21—23日

第十一届中国国际住宅产业博览会举办，在中国人口老龄化的严峻形势下，博览会上展示的适老技术引人关注。

11月22日

"中国·荷兰公共艺术交流论坛"在中央美术学院美术馆学术报告厅举行。本次论坛以"发展地区的艺术力量"为主题，由中央美术学院雕塑系·雕塑创作研究所与荷兰VARIO MUNDO公共艺术基金会联合主办，是中荷建交40周年系列文化活动之一。

美国ATA规划与建筑事务所设计总监盛梅女士在北大科技园创新中心举行了题为"学习与实践——设计理想与现实之路"的讲座，以从业者的视角，结合时代背景和国家基本国情，以自己的亲身体验为依据，为在场师生讲述了理论、实践与设计师梦想之间的关系。

11月23—25日

第十届中国国际门窗幕墙博览会在北京举办。

11月24—26日

为期三天的中国第三届工业建筑遗产学术研讨会在哈尔滨召开，来自全国各地的近100多位专家学者与会。

11月29日

由立邦发起的"为爱上色"计划，携工程团队，员工志愿者、网友志愿者团队来到河南省长葛市官亭乡为岗李小学重新涂刷了美丽的外墙，并与孩子们进行了为期两天的冬令营活动，为孩子们带去寒冷冬日中最温暖的爱意。

11月30日

为期两天的2012"新立方"建筑文化论坛深圳站举行。论坛以"复杂工程实践"为主题，邀请了设计、施工、业主、技术支持等各方专业人士共聚一堂，深入探讨复杂工程的基础理论、技术应用、项目组织及决策管理等各个环节。

12月16日

著名建筑大师丹尼尔·里伯斯金德在中央美术学院美术馆进行了题为"建筑是一种语言"（Architecture is a Language）的讲座。

12月21日

被誉为中国建筑学界最高荣誉的"梁思成建筑奖"颁奖仪式在北

京举行。两位获奖人分别是北京市建筑设计院有限公司建筑师刘力和中国中元国际工程公司建筑师黄锡璆。

12月22日
湖南省建筑师学会学术年会隆重召开，会议以"回归——关于当代中国城市建筑的思考"为主题进行了为期一天的学术研讨。

12月23日
建筑师董功、徐千禾在哥伦比亚大学北京建筑中心举办题为"直

向介入"的讲座。两位建筑师与大家分享了个人的设计心得，阐述了在设计实践中对建筑关照生活、社会性空间营造及构造逻辑正确性的理解。

12月28日
"第九届中国建筑学会青年建筑师奖"的评选活动在广州结束。

2013 年大事记

建筑学会理事长车书剑，中国建筑学会常务副理事长兼秘书长徐宗威等出席了签约仪式。

3 月 14 日
中国—挪威建筑可持续交流会在清华大学建筑学院举办。本次活动由清华大学建筑学院、挪威王国驻华大使馆以及清华大学建筑设计研究院主办，来自中挪双方的 6 位发言人就太阳能与建筑一体化、绿色建筑和节能减排、中国房地产业现状及趋势等相关的城市发展策略、建筑实践案例等进行了交流和互动。

3 月 15 日
关注成长的力量系列沙龙第一站"成长的方向"在北京林业大学成功举办，多位景观设计专家和学生近距离交流，分享成长中的经验。

3 月 19 日
为促进中欧生态城市建设经验的交流，提升社会各界对生态城市建设的认识，寻求真正的城市生态区域环境设计，城市景观之路——北京大学景观设计学系列专题研修班考察暨中欧生态区域设计论坛在天津隆重举行。

3 月 22—24 日
中国建筑学会与北京市建筑设计研究院、天津市建筑设计院、中国中建设计集团、同济大学建筑城规学院、北京工业大学住宅研究所、铜陵市相关政府部门等共同组成的专家组 20 余人对铜陵市顺安镇凤凰山村、钟鸣镇水龙村、九榔村，郊区灰河乡马洼村、五洲村等地进行了农民住房实地考察。

3 月 23 日
"在地／迹·建筑"展的开幕式在 Studio-X 哥伦比亚大学北京建筑中心举行，展出迹·建筑事务所 (TAO) 近 4 年中的 8 个代表性项目。"在地"反映了迹·建筑的实践中一直持续的观点：建筑与其所在环境是一个有千丝万缕联系的整体，而非孤立的存在；"在地"的另一重含义是：建筑并不只是一种抽象整体的概念，而是带给人身体和精神体验的场所，因此每个个案都具体而不同。

3 月 24 日
由第九届园博会丰台筹备总指挥部等单位主办、北京园博会宣传活动部、搜狐园艺频道、搜狐焦点业主论坛等单位承办的"绿色园博进万家"主题系列园艺活动启动仪式隆重举行。

4 月 2 日
"哥本哈根可持续发展城市解决方案——实现可持续建筑和社区的丹麦模式"论坛在北京国际会议中心举行。此次活动由哥本哈根市政府、丹麦建筑中心及丹麦王国驻华大使馆共同主办。

4 月 8 日
西岸 2013 建筑与当代艺术双年展新闻发布会在上海召开。展览着眼于空间建造·艺术生产·未来想象三个层面，以

1 月 15—20 日
应亚洲建筑师协会和马来西亚建筑师协会邀请，中国建筑学会代表团访问马来西亚。

1 月 21 日
2012 年中国环境艺术年会暨中国建设文化艺术协会环境艺术专业委员会第三届会员代表大会在京举办，其主题为"弘扬环境艺术，建设美丽中国"。

1 月 23 日
住房和城乡建设部建筑设计标准化技术委员会举办了以"价值观与居住多样化时代的标准化设计"为主题的技术交流会，在京委员参加了本次会议。与会委员就建筑师的价值观与居住的多样化、设计标准化等主题展开了深入的探讨，同时对建筑设计标准化技术委员会工作的全面开展提出了宝贵的意见与建议。

1 月 25 日
Studio-X 哥伦比亚大学北京建筑中心举办了名为"柯布西耶和路易斯·康在印度的实践"的 X-Talk 系列讲座。

1 月 30 日
《建筑学报》杂志社联合中国房地产业协会老年住区委员、中国中建设计集团联合举办了"老龄化社会背景下的住区发展及居家养老"座谈会。

2 月 27 日
北京大学建筑与景观设计学院院长、北京土人景观与建筑规划设计研究院首席设计师俞孔坚在华南理工大学举办学术讲座暨《设计生态学：俞孔坚的景观》新书发布会。

3 月 10 日
银川市政府与中国建筑学会战略合作框架协议在北京签署。银川市市长马力，银川市委常委、副市长王久彬，国务院参事、中国

Reflecta(进程）和 Fabrica（营造）为主题，联动建筑、当代艺术、戏剧等艺术门类，融汇声音、影像、空间、装置、表演等创作语言，结合浦江西岸的现场基地，打造跨领域的艺术前沿阵地。

4月11日
由 GMP 事务所与绿地控股集团联合举办的"回应与回馈"主题展览在上海城市规划展示馆开幕。

4月12日
中国建筑学会系列学术课题启动工作会议在广州召开，清华大学、东南大学、中央美术学院等 8 所高校，北京市建筑设计研究院、哈尔滨工业大学建筑设计研究院等 6 家设计单位的 20 余位代表参加了会议。

4月15日
应哈佛大学邀请，华南理工大学建筑学院院长、建筑设计研究院院长何镜堂院士在哈佛大学设计研究生院作了题为"剧变中国的建筑传承与创新"的演讲。

4月19日
2013 第二届"龙图杯"全国 BIM（建筑信息模型）大赛启动会在北京召开。

4月21日
"定位中国建筑师"学术沙龙在清华大学建筑学院多功能厅举行，众多建筑相关专业的专家学者、在校师生、爱好者和媒体朋友纷纷到场聆听。

4月25—27日
2013 第二届国际生物多样性·生态·环境大会在南京举行，邀请国内外生物多样性、生态和环境研究领域的知名专家学者、世界各国科学院院士、世界 500 强企业高管及世界各国对生物多样性有突出贡献的杰出人士参会。

4月26—27日
"2013 新建筑论坛（春季）"在华中科技大学建筑与城市规划学院举行。本次论坛的主题为"由基本问题出发"，试图回归建筑学的起点和本原，探讨什么是建筑的基本问题。

4月27日
由中国照明学会与雅式展览服务有限公司携手合办的 2013 年中国（北京）国际照明展览会暨 LED 照明技术与应用展览会、2013 中国（北京）国际智能建筑暨智能家居展览会在中国国际展览中心圆满闭幕。

5月11日
"2013 年中国建筑学会建筑师分会建筑理论与创作学组学术年会"在厦门召开。此次活动由建筑理论与创作学组主办，会议主

题为"建筑／城市／环境三大资源共享的最大化与最优化设计理念思考"。

5月13日
"光·建筑·生活"系列沙龙在浙江大学建筑设计研究院举办，主题围绕着"园林景观中的光文化"展开。

5月16日
教育部正式批准北京建筑工程学院更名为北京建筑大学，该校举行北京建筑大学揭牌仪式。

5月17日
"奥运中心区赛后利用"研讨会于北京建威大厦举行。研讨会由北京市建筑设计研究院邵韦平执行总建筑师发起并主持。

"蜃景——当代中国博物馆建筑的十二种呈现"当代建筑艺术展在上海当代艺术博物馆开幕。

5月18日
第九届中国（北京）国际园林博览会在位于北京市丰台区永定河西岸的园博园内开幕。博览会会期半年，园区面积 513hm²，共有中国内地、香港、澳门、台湾 60 个城市及 25 个国家的 34 个国际城市机构参展。

由北京林业大学园林学院主办的"生态中国——建筑·规划·风景园林"京津高校联合论坛在北京林业大学举办。

5月19日
理想国文化沙龙暨《走向公民建筑》新书发布会在中央美术学院北区礼堂圆满举办。本次理想国文化沙龙活动由著名建筑评论家、策展人、中国建筑传媒奖评委史建担任主持，通过具体建筑案例展示和历史理论分析，分享建筑师们对"空间对人和社会的关怀"的建筑实践和思考。

5月25日
由世界华人建筑师协会、重庆市永川区人民政府、重庆大学城市科技学院共同主办的茶山论"建"学术研讨会在重庆茶山竹海的中华茶艺山庄召开。来自世界各地的华人建筑师、学者、企业家以及重庆大学城市科技学院建筑学院师生共 200 余人出席了本次会议。

5月26日
《西部人居环境学刊》启刊会暨《室内设计》创刊 100 期纪念会在重庆大学建筑城规学院召开。

5月27日
第十五届海峡两岸建筑学术交流会在山西太原举行，中国建筑学会理事长车书剑、中国台湾新党主席郁慕明、山西省与太原市相关部门领导出席了开幕式。本届交流会的主题定为"回归建筑理

性，建筑美好家园"，来自海峡两岸的100多位建筑师和专家学者围绕会议主题展开了深入的研讨和交流。

5月30日

"多生态，少利己——迈向可持续的未来"论坛在北京意大利使馆文化处举办，意大利驻华大使白达宁（Alberto Bradanini）致开幕词，欧洲联盟驻华代表团一等秘书宇文龙（Laurent Javaudin）、华远地产股份有限公司董事长任志强、中国城市经济发展服务中心专家委员会副主任顾文选发表主题演讲。

6月1日

保利春季拍卖会中国著名建筑师模型与草图专场在京圆满落幕。

由Studio-X哥伦比亚大学北京建筑中心举办的X - Agenda系列微展第4个主题展览"多相风光——多相工作室2006-2013"在北京方家胡同举行了开幕式。

6月18日

由王受之教授主讲的"当代建筑的发展趋势"讲座在中央美术学院美术馆学术报告厅举行。

6月22日

由北京历史文化名城保护委员会办公室统筹，清华大学建筑学院、清华大学国家遗产中心、北京清华城市规划设计研究院历史文化名城研究中心主办的"共同的文化遗产"高校学术论坛在北京市城市规划展览馆举行。

6月23日

名为"天人合一水立方"的灯光新媒体艺术展在中国国家游泳中心举办，展览由北京奥运会、残奥会开闭幕式的核心创意小组成员马文与奥林匹克公园中心区夜景照明规划总设计师郑见伟共同完成。

6月24日

"中英对话：国际建筑创新"研讨会在北京英国驻华大使官邸召开。来自中、英两国建筑界、房地产界及政府部门官员80余人出席了会议。

6月27日

由意大利使馆文化处主办的"可持续性的软性维度"论坛在意大利使馆举办。本次活动以" 都灵·可持续策略"专辑为主题。

7月5日

"2013亚洲设计论坛"（ADF）在京举办。论坛以"设计与时移"为主题，探讨在高速城市化进程的影响下，北京在过去30年里经历的城市变革及其产生的影响。

7月19日

生态文明贵阳国际论坛2013年年会·矿区生态修复论坛在贵阳举行。中国矿业大学校长葛世荣主持论坛，1984年度诺贝尔物理学奖获得者、德国波茨坦可持续发展高级研究所科学主任卡罗·鲁比亚，中国工程院院士、中国矿业大学教授卢耀如等40多位国内外嘉宾参加论坛。

7月28日

"DADA2013数字渗透系列活动：数字建筑展·数字建筑国际学术研讨会·数字建造设计竞赛"新闻发布会在清华大学建筑学院举行。

7月29日

英国驻华大使馆于北京侨福芳草地举办"2012年伦敦奥运一周年庆典活动"。

8月8日

"对话式设计——gmp建筑师事务所建筑作品展"开幕式在中国国家博物馆举行。gmp创始合伙人曼哈德·冯·格康学术讲座同期举办，中德知名建筑师共同探讨"国际语境下的对话式设计"以及"中德环境下建筑设计的差异性"等多元化议题。

8月16日

第七届中国威海国际人居节开幕式举行，由中国建筑学会、山东省住房和城乡建设厅、威海市人民政府举办的"蓝星杯·第七届中国威海国际建筑设计大奖赛"及"蓝星杯·2013全国大学生建筑设计方案竞赛"结果在开幕式上揭晓。

8月23—24日

第二届"建筑、结构巅峰对话：结构成就建筑之美"国际会议于2013年在北京召开。会议主题涉及空间结构形态、超高层建筑设计现状等诸多建筑与结构工程领域的热门研究议题。

8月25日

为推动中国景观设计行业的发展，给社会各界相关人士提供景观设计行业学术探讨及交流平台，"第三届成都景观论坛"在成都鹿野苑圆满举办。

8月30日

三磊设计举办了"设计为城市综合体提升价值"的主题沙龙。

9月1日

由中国建筑设计研究院李兴钢工作室带来的"胜景几何"在哥伦比亚大学北京建筑中心Studio-X开幕。

9月5日

国内首个跨园林与博物馆行业的学术论坛在北京中国园林博物馆（筹备办）召开。论坛以"中国园林博物馆文化传承与发展"为主题，汇集了目前国内园林、博物馆行业及大专院校、研究所的百余名专家领导。国家文物局副局长、中国博物馆协会理事长宋新潮，著名园林专家、中国工程院院士孟兆祯分别作主题发言。

9月6日
中国勘察设计协会与全球二维和三维设计、工程及娱乐软件的领导者 Autodesk 共同主办的第四届"创新杯"——建筑信息模型（BIM）应用设计大赛颁奖典礼在京举行，揭晓50项应用奖项。

中国建筑西北设计研究院华夏设计所成立20周年回顾会及大唐华清城项目研讨会在西安举行，规划和建筑业界专家及政府官员等共150余人参加了庆典。

9月26日—10月13日
由中央美术学院建筑学院、白盒子艺术馆主办的"二次拓像——关于乡土空间的解读和再解读"展览在798艺术区白盒子艺术馆举行。

9月28日
以"数字渗透"为主题的 DADA2013 系列活动暨"数字建筑展·数字建筑国际学术研讨会· 数字建造设计竞赛"在北京举行。

10月8—9日
"明日的风景园林学"国际学术会议在京召开，两院院士吴良镛、工程院院士孟兆祯、MIT 建筑与城市规划学院教授安妮·斯波（Anne Spirn）等国内外著名专家学者在会上发言。会议还安排了三场论坛，分别为"明日的风景园林教育论坛"、"明日的风景园林实践论坛"和"风景园林青年论坛"。

10月9—11日
立足于探索低碳化的发展理念、工业化的生产方法、全产业链的互动模式的"2013上海国际绿色建筑与节能展览会（GBC2013）"在上海世博展览馆全新亮相。

10月20日
"西岸2013：建筑与当代艺术双年展"在上海徐汇滨江正式揭幕。

10月21日
中国建筑学会2013年年会暨学会成立60周年纪念大会在北京召开。会议对60年来我国建筑界取得的重大成果进行了全面系统的总结、交流和展示，同时设立3000m²展览区域，展示建筑科技界各专业在节能减排、保护环境、建设和谐人居环境等方面取得的新成果。

10月21日
"第九届环境与发展论坛及2013中国国际生态环境技术与装备博览会"在中国国际展览中心隆重开幕。

10月26日
2013中国国际创意设计论坛在中国国际展览中心举办，论坛主题为"独立设计：理想与现实"。

10月30日
"第九届全国高校景观设计毕业作品交流暨高校学生论坛"举办。此次论坛通过网络专题的方式，为参展学生提供交流学习、展示自我的平台。

10月31日
由住房和城乡建设部信息中心、工业和信息化部信息化推进司、国家测绘地理信息局国土测绘司、国家遥感中心和中国卫星导航定位应用管理中心联合主办的第八届中国智慧城市建设技术研讨会暨设备博览会在京隆重召开。

11月2—30日
"十年·耕耘——崔恺工作室十周年建筑创作展"在北京中间美术馆举行。

11月3日
"本土设计的再思考"巡展在北京6所建筑院校巡回举行。

11月8日
第二届中国·张家界"大学生世界遗产保护论坛"系列活动在全国百余所高校同步启动。本届论坛的主题是"世界自然遗产的保护和可持续发展"。

11月9日
清华大学美术学院、中国家具协会、中国工业设计协会共同举办"首届'境'国际家具设计展暨学术论坛"，旨在提升中国家具的设计水平、教育水平，提供相互交流、相互借鉴、共同展示的平台。

11月16—18日
"2013中国城市规划年会"在青岛市召开，本次年会的主题是"城市时代，协同规划"。

11月22—23日
由中国工程院主办，东南大学和中国工程院土木、水利与建筑工程学部共同承办的"中国当代建筑设计发展战略——国际工程科技发展战略高端论坛"在南京隆重举办。

11月22—24日
"2013年中国第四届工业建筑遗产学术研讨会"在湖北武汉华中科技大学举办，主题为"工业遗产的田野调查和价值评价"。

11月23日
中国环境设计教育年会论坛暨第十一届中国环境设计学年奖颁奖典礼在西安举办，主题为"环境设计的价值维度"。

11月28日
在罗马召开的第28届国际文化财产保护与修复中心（ICCROM）会员国大会上，CCROM 理事会主席格雷兰·鲁克向清华大学吕舟教授颁发了 2012-2013 年度的 ICCROM 奖（ICCROM Award）。

12月6—8日

2013 年中国（深圳）国际创意设计品牌博览会在深圳会展中心举办。

12月7—8日

2013"工程建设市场的治理与信息化"国际研讨会于清华大学召开。本次研讨会由清华大学土木水利学院、建筑学院和公共管理学院共同主办，清华大学工程担保与建筑市场治理研究中心和 3S 研究中心联合承办。

12月8日

以"建筑与新型城镇化"为主题的"首届国际建筑师论坛"在宁波博物馆举行。

12月16日

约翰·哈迪（John Hardy）来访北京大学建筑与景观设计学院，并在北大科技园 305 室举办了题为"竹——未来（Bamboo, the future)"的讲座，吸引众多北大师生和设计师到场聆听。

12月21日

由《时代建筑》杂志、思班机构、今日美术馆联合主办的"建筑之外"展览在北京今日美术馆举行。

12月24日

"三山五园文化巡展"在中国国家博物馆开幕，展现了香山、颐和园、圆明园等中国现存皇家园林昔年盛世及辉煌情景。此展览 2014 年将在全球著名的博物馆巡回展出。